José Luis Rios Flores
Sigifredo Armendáriz Erives
Gonzalo Hernández Ibarra

Produtividade física, económica e social da água utilizada

José Luis Rios Flores
Sigifredo Armendáriz Erives
Gonzalo Hernández Ibarra

Produtividade física, económica e social da água utilizada

Sobre a produção de tâmaras (Phoenix dactylifera L.) irrigadas por gravidade em Comondú, Baja California Sur

ScienciaScripts

Imprint
Any brand names and product names mentioned in this book are subject to trademark, brand or patent protection and are trademarks or registered trademarks of their respective holders. The use of brand names, product names, common names, trade names, product descriptions etc. even without a particular marking in this work is in no way to be construed to mean that such names may be regarded as unrestricted in respect of trademark and brand protection legislation and could thus be used by anyone.

Cover image: www.ingimage.com

This book is a translation from the original published under ISBN 978-3-659-65264-6.

Publisher:
Sciencia Scripts
is a trademark of
Dodo Books Indian Ocean Ltd. and OmniScriptum S.R.L publishing group

120 High Road, East Finchley, London, N2 9ED, United Kingdom
Str. Armeneasca 28/1, office 1, Chisinau MD-2012, Republic of Moldova, Europe
Printed at: see last page
ISBN: 978-620-7-67278-3

Conteúdo

RESUMO

O objetivo deste trabalho foi determinar a produtividade económico-social da água utilizada na produção de tamareira (*Phoenix dactylifera L.*) no DDR (Distrito de Desenvolvimento Rural) Comondu, Baja California Sur, México, e contrastá-la com os indicadores correspondentes do cultivo de milho em grão *(Zea mays)* no mesmo DDR, utilizando indicadores de produtividade física (PFA), económica (PEA) e social (PSA) da água. Na metodologia, foram utilizados os modelos matemáticos de Rios *et al.* (2015 e 2018) para estimar a PFA, a PEA e a PSA. [-33-3]Os resultados mostram que o PFA, PEA e PSA das culturas de tâmara e milho em grão foram: no PFA: 0,103 e 1,550 kg m , no PEA: USD 0,083 e USD 0,009 de lucro por m e no PSA: 3,84 e 4,09 empregos hm respetivamente. O PAE das tâmaras foi superior ao de culturas como o milho em grão do mesmo RDD, o café de sequeiro de Chiapas, as nozes de Chihuahua e Coahuila e o leite de vaca de Chihuahua, mas inferior ao das maçãs com baixa, média ou alta utilização de tecnologia de Chihuahua, as uvas de Sonora e Coahuila, o abacate de Michoacan e os pêssegos de Zacatecas. [-3]O PES da tâmara e do milho em grão teve um índice PES de 3,84 e 4,09 hm , o PES da tâmara excedeu apenas o PES da laranja de Comondu e do pêssego de Zacatecas, mas foi inferior ao PES da maçã de Chihuahua, da videira de Sonora e Coahuila, da noz de Chihuahua e Coahuila, do abacate de Michoacan e do café de Chiapas.

Palavras-chave: Eficiência hídrica, água virtual, sustentabilidade, pegada hídrica

I. INTRODUÇÃO

Em termos de extensão territorial, a água na Terra representa 70%, sendo que apenas 30% é a superfície da própria Terra^ daí que o nosso planeta não se deva chamar planeta Terra, mas sim planeta "Água", embora com um certo sentido de justiça para com a água, o planeta também é muitas vezes chamado "O planeta azul", daí que o senso comum nos leve a acreditar que o recurso água é ilimitado, quase infinito, pelo que não nos devemos preocupar em utilizar a água da forma mais eficiente e produtiva possível (ver caixa 1), porquê preocuparmo-nos com a água se ela é abundante?. [3]Nada poderia ser mais falso do que isto, porque, segundo a "Aqua Foundation", "o nosso planeta azul contém cerca de 1386 milhões de quilómetros de água, uma quantidade que não diminuiu nem aumentou nos últimos dois milhões de anos.

Estima-se que 97,5% seja água salgada e que apenas 2,5% da água da Terra seja considerada doce. Se tivermos em conta que 90% dos recursos de água doce disponíveis no planeta se encontram na Antárctida, esta sensação de abundância diminui. Apenas 0,5% da água doce se encontra em reservatórios subterrâneos e 0,01% em rios e lagos.

Que quantidade de água potável existe na Terra? Os números oficiais indicam que apenas 0,007% da água da Terra é potável, e essa quantidade está a diminuir de ano para ano devido à poluição. Este facto torna-nos conscientes de que a água é um recurso escasso e limitado e um direito num mundo desigual. A falta de acesso à água é uma das causas da pobreza, da desigualdade, da injustiça social e cria enormes diferenças nas oportunidades de vida. A ONU confirma que a escassez de água afecta mais de 40% da população mundial. Todos os dias, quase mil crianças morrem de doenças evitáveis transmitidas pela água ou de diarreia relacionada com o saneamento. É por isso que garantir o acesso à água potável é um dos Objectivos de Desenvolvimento do Milénio. A água é a fonte da vida.[1]"

Outros vão mais longe, e apresentam números que caracterizam numericamente a escassez de água, especificamente de água doce disponível, ver quadro 1.

[1 2 33]A partir das duas fontes acima referidas, é evidente que a água doce disponível no planeta é de facto escassa, uma vez que grande parte dessa água doce não está disponível para os seres humanos, pois mais de 8 400 000 km da água doce da Terra estão a mais de um quilómetro de profundidade, a maior parte da água doce, 29 200 000 km, encontra-se principalmente nas regiões polares e na Gronelândia, bem como no permafrost não só da Gronelândia, mas também da Sibéria e da América do Norte.

Caixa 1 ^Que quantidade de água existe na Terra?

Fonte de água	Volume de água km^3	Percentagem de água doce	Percentagem da água total
Oceanos, mares e baías	1.338.000.000	-	96,54
Calotas	24.064.000	68,6	1,74

[1]Fundação Aqua. Quantidade de água potável, fonte de vida. Disponível em: https://www.fundacionaquae.org/wiki-aquae/datos-del-agua/cantidad-de-agua-potable-
source-of-life/ Acedido em: 10 setembro, 2019.
2Cosmo News, 2012. Quanta água existe na Terra? Disponível em: https://www.cosmonoticias.org/cuanta-agua-hay-en-la-tierra/, Acedido em: 10 setembro, 2019.

polares, glaciares e neve permanente			
Águas subterrâneas	23.400.000	-	1,69
-Doce	10.530.000	30,1	0,76
-Salada	12.870.000	-	0,93
Humidade do solo	16.500	0,05	0,001
Gelo terrestre e permafrost	300.000	0,86	0,022
Lagos	176.400	-	0,013
-Doce	91.000	0,26	0,007
-Salada	85.400	-	0,007
Atmosfera	12.900	0,04	0,001
Água do pântano	11.470	0,03	0,0008
Rfos	2.120	0,006	0,0002
Água biológica	1.120	0,003	0,0001

Nota: A soma das percentagens pode não corresponder a 100% devido a arredondamentos.

Fonte: Cosmo News, 2012. [2]

Por outro lado, o número de seres humanos no planeta tem crescido exponencialmente, de tal forma que "a revolução neolítica, há dez mil anos, através da aplicação de técnicas agrícolas e pecuárias, permitiu a primeira grande expansão da espécie humana; estima-se que a partir daí a população começou a crescer a um ritmo que duplicava a cada dezassete centenas de anos. No início da nossa era, estima-se que havia cento e cinquenta milhões de pessoas:

[45]um terço no Império Romano, outro terço no Império Chinês e o restante disperso" (ver figura 1), assim, se há apenas 2000 anos existiam 150 milhões de pessoas, e hoje em 2019 existem 7,7 mil milhões de habitantes, e considerando, como já foi referido, que o volume de água disponível não se alterou nos últimos milénios, então, a dotação de água doce *per capita* disponível hoje é equivalente a apenas 1.[6]94% da dotação *per capita* que estava disponível há dois mil anos.

[33]De acordo com a CONAGUA (2015), em 2012 a disponibilidade natural no México era de 4.028 m por pessoa, e estima-se que em 2030 será de apenas 3.430 m por pessoa, enquanto o consumo per capita passou de 40 litros por dia em 1955 para 280 litros por pessoa por dia em 2012[6].

[7][89]Isto sugere que a água doce disponível é, de facto, um recurso extremamente escasso e que o crescimento demográfico está a agravá-lo, mas, mais concretamente: ^Qual a atividade humana que exige mais água doce disponível, algumas fontes indicam que a agricultura

---

[4] Evolução da população mundial. A economia de mercado: virtudes e inovações. Demografia. 2019. Disponível em: http://www.juntadeandalucia.es/averroes/centros-tic/14002996/helvia/aula/archivos/repositorio/250/271/html/economia/2/evolucion.htm
.
Data de acesso: 10 de setembro de 2019.

[5] BBC News Mundo.2019. Dia Mundial da População: ^quantos humanos já viveram na Terra? Disponível em: https://www.bbc.com/mundo/noticias-48958753. Último acesso em 10 de setembro de 2019.

[63] S e "K" é o volume de água doce disponível (que alguns autores estimam em 41000 km), então há 2000 anos a dotação per capita por milhão de habitantes era a= K/150, em 2019 seria b=K/7.700, logo (1/7.700)/(1/150)=1,94%.

[7] Comissão Nacional da Água (2015): *Atlas del Agua en **México***. Conagua. Documento disponível
em:
http://www.conagua.gob.mx/CONAGUA07/Publicaciones/Publicaciones/ATLAS2015.
p df

[8]**FAO, 2002**. Disponível em: http://www.fao.org/3/y3918s/y3918s03.htm

[9]El Heraldo, Secção de Economia. 22 de março de 2015. Costa Rica. disponível em: https://www.elheraldo.co/economia/la-agricultura-consume-el-70-del-agua-en-el-mundo- 188535#.

consome entre 69% e 70% da água doce disponível no planeta, sendo a restante percentagem consumida por outras actividades humanas, como a indústria (20-21%) e o consumo doméstico (10%).

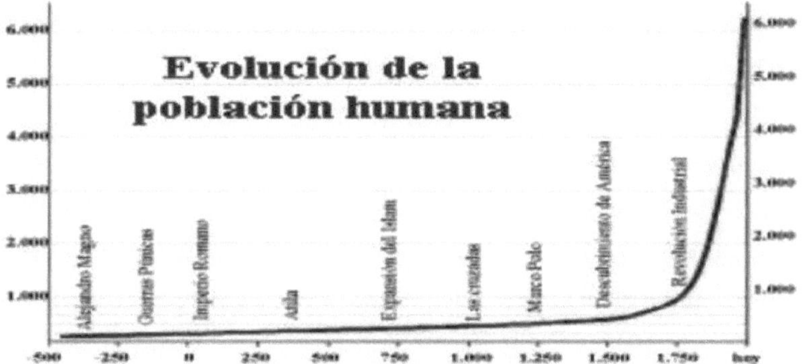

Figura 1: Evolução da população mundial[9]

No caso do México, que tem 0,1% do total de água doce disponível no mundo, a agricultura e a pecuária consomem 76.[10] [11]3% da água doce disponível (a média mundial é de 70%), a indústria e a produção de energia consomem 13% (a média mundial é de 22%) e o consumo doméstico 10% (a média mundial é de 8%), mas no México a atividade agrícola é a que mais água desperdiça: 57% da água que consome perde-se por evaporação, mas sobretudo por infra-estruturas de irrigação ineficientes e obsoletas, e a agricultura de regadio contribui com 42% da produção nacional.

Tudo o que precede indica que a água doce disponível no

---

[10]Evolução da população mundial. A economia de mercado: virtudes e inovações. Demografia.   disponível em:
http://www.juntadeandalucia.es/averroes/centros-tic/14002996/helvia/aula/archivos/repositorio/250/271/html/economia/2/evolucion.htm
.

Data de acesso: 10 de setembro de 2019.
[11]Agua.org.mx Fondo para la Comunicacion y la Educacion Ambiental A.C. Overview of water in Mexico. Disponível em: https://agua.org.mx/cuanta-agua-tiene-mexico/. Último acesso em: 10 de setembro de 2019.

planeta em geral, e no México em particular, é escassa, e que a agricultura é o principal utilizador, e que a utiliza de forma ineficiente, razão pela qual, embora a agricultura forneça alimentos, não deve ser isenta de utilizar a água de forma eficiente e produtiva. Assim, o *problema em que se insere este trabalho,* é o uso sustentável da água dada a sua notória escassez, e o *objetivo geral* deste trabalho não é o estudo da tamareira (*VPhoenix dactylifera L.)* ou do milho em grão (*Zea mays*), mas sim determinar a produtividade e a eficiência com que a água de rega é utilizada, *delimitando-a ao* uso da água no cultivo da tâmara em Comondu, Baixa Califórnia, México, de tal forma que a eficiência e a produtividade da água utilizada na produção da tâmara serão avaliadas a partir de três perspectivas diferentes: a eficiência e a produtividade **física** da água, a eficiência e a produtividade **económica** da água e a eficiência e a produtividade **social** da água utilizada na produção.

II. OBJECTIVOS ESPECÍFICOS E HIPÓTESES

2.1. Objectivos específicos

Para a cultura de tamareiras (*Phoenix dactylifera*) irrigadas de forma tradicional por gravidade na DDR Comondu, Baja California Sur, os objectivos específicos são determinar indicadores de:

a) *Rentabilidade*

b) *Eficiência* física, económica e social do uso da água na produção de tamareira (*Phoenix dactylifera*).

c) *Produtividade* física, económica e social da água utilizada na produção de tamareira (*Phoenix dactylifera*).

2.2. Hipótese

Primeira hipótese

A rentabilidade da cultura da tâmara (*Phoenix dactylifera*) irrigada de forma tradicional por gravidade na DDR Comondu, Baja California Sur, México, terá uma rentabilidade superior à da cultura do milho (*Zea mays*) em grão, uma das principais culturas da DDR Comondu, BCS.

Segunda hipótese

A cultura da tâmara (*Phoenix dactylifera*), tradicionalmente irrigada por gravidade na DDR Comondu, Baja California Sur, México, em relação à água utilizada na produção, terá um índice de produtividade **física da** água (PFA, [-33]medido em kg m) **mais elevado** do que o índice PFA do milho-grão (*Zea mays*), ou seja, o mesmo volume de água, um m , **produz mais biomassa** no datil (*Phoenix dactylifera*) do que no milho-grão (*Zea mays*).

Terceira hipótese

A cultura da tâmara (*Phoenix dactylifera*), tradicionalmente irrigada por gravidade na DDR Comondu, Baja California Sur, México, em relação à água utilizada na produção, terá um índice *económico de* produtividade da água (EAP, [33]medido em USD de lucro por m) *superior* ao índice PPE da cultura do milho-grão (*Zea mays*), ou seja, o mesmo volume de água, um m , ___produz mais lucro___ no datil (*Phoenix dactylifera)* do que no milho-grão (*Zea mays).*

Quarta hipótese

A cultura da tamareira (*Phoenix dactylifera*), tradicionalmente irrigada por gravidade na DDR Comondu, Baja California Sur, México, em relação à água utilizada na produção, terá um índice de *produtividade social da* água (PSA), medido em termos de empregos gerados por hm) mais elevado do que o índice PSA da cultura do milho em grão (Zea mays), [33]PES medido em empregos gerados por hm) *superior* ao índice PES da cultura do milho-grão (*Zea mays*), ou seja, o mesmo volume de água, uma hm , ___produz mais empregos___ no datil (*Phoenix dactylifera)* do que no milho-grão (*Zea mays).*

III. REVISÃO DA LITERATURA
III.1. Delimitação do conceito de produtividade da água e vários estudos sobre o mesmo
vários estudos sobre a produtividade da água

[12] [13][14]Com base nas definições verbais do conceito de produtividade da água de Viets (1966) , que o restringe ao aspeto fisiológico das plantas, e de Kijne et al (2003)[12] , que delimita o conceito de produtividade da água à esfera da capacidade dos sistemas agrícolas converterem a água utilizada na produção em alimentos, mas sobretudo de Molden et al (2010) , que define o conceito de produtividade da água como "O rácio entre os benefícios líquidos dos sistemas agrícolas, florestais, pesqueiros, pecuários e agrícolas mistos e a quantidade de água utilizada para produzir esses benefícios. Os sistemas de pesca, de pecuária e agrícolas mistos em relação à quantidade de água utilizada para produzir esses benefícios. No seu sentido mais lato, reflecte os objectivos de produzir mais alimentos, rendimentos, meios de subsistência e benefícios ecológicos a um custo social e ambiental mais baixo por unidade de água consumida. A produtividade física da água é definida como o rácio entre a produção agrícola e a quantidade de água consumida - "mais colheita por gota".

---

[12]**Viets, F.G. 1966.** Increasing water use efficiency by soil management. In Plant environment and efficient water use. Guilford RD, Madison, EUA: Sociedade Americana de Agronomia. Soil science Society of America. 295 p.

[13]**Kijne, J.W., R. Barker e D. Molden, 2003.** Water Productivity in Agriculture: Limits and Opportunity for Improvement (Produtividade da Água na Agricultura: Limites e Oportunidades de Melhoria). CABI, Cambridge, Reino Unido, ISBN: 0 85199 669 8.

[14]**Molden, D; Murray-Rust, H.; Sakthivadiel, R; Makin, I.; 2003.** Um quadro de produtividade da água para compreensão e ação, pp.1-18. In: Kijne, J. W.; Barker, R.; Molden, D. J. 2003. Water productivity in agriculture: limits and opportunities for improvement. Publicação CABI, Wallingford, Reino Unido. 332p.

[15][16][17]E a produtividade económica da água é definida como o valor derivado por unidade de água utilizada e também tem sido utilizada para relacionar a água utilizada na agricultura com a nutrição, o emprego, o bem-estar e o ambiente", Rios et al (2015 a, 2016 , 2018) reduzem as definições verbais de produtividade da água dos três autores ao seu aspeto matemático, convertendo-as nas seguintes equações:

$$\text{Pr}oductividad = \frac{cantidad\ de\ producto\ "Q"\ (físico, económico\ o\ social)}{volumen\ "V"\ de\ agua\ usado\ en\ la\ producción}$$

$$Eficiencia = \frac{volumen\ "V"\ de\ agua\ usado\ en\ la\ producción}{cantidad\ de\ producto\ "Q"\ (físico,\ económico\ o\ social)}$$

Estas equações permitem obter numerosos índices de *produtividade e eficiência* com que a água é utilizada na produção, em que "Q" pode ser dado em unidades físicas (kg, tonelada), económicas (unidades monetárias de rendimento ou, melhor ainda, de lucro) e sociais (expressas em número de dias de trabalho, postos de trabalho), [3]Por exemplo, um índice de produtividade seria expresso em kg m-3 (que indicaria quantos kg de produto são produzidos por

---

[15]**Rios-Flores, J. Luis, Torres M., Miriam, Castro F., Rafael, Torres M., M.A. Ruiz T. Jose. 2015 a.** Determinação da pegada métrica azul em culturas forrageiras de DR-017 Comarca Lagunera, México. Rev. FCA UNCUYO, 2015. 47(1): 101-122, ISSN impressão 0370-4661. ISSN (online) 1853-8665, pp.93-107. Mendoza, Argentina

[16]**Rios-Flores, Jose Luis, Torres M. M. e Torres M., M. A. (2016 a).** Produtividade hídrica agrícola da noz-pecã no norte do México. Casos: Comarca Lagunera e Delicias, Chihuahua. ISBN978-3-639-80166-8. Editorial Academica Espanola. Saarbrucken, Alemanha.

[17]**Rfos-Flores, Jose Luis, Rios Arredondo, Becky Elizabeth, Cantu Brito, Jesus Enrique, Rios Arredondo, Hebrian Efrain, Armendariz Erives, Sigifredo, Chavez Rivero, Jose Antonio, Navarrete Molina, Cayetano & Castro Franco, Rafael (2018).** Analisis de la eficiencia ffsica, economica y social del agua en esparrago (*Asparagus officinalis L.)* y uva (*Vitis* vinifera) mesa del DR-037 Altar-Pitiquito-Caborca, Sonora, Mexico 2018. *Revista de la Facultad de Ciencias Agrarias. Universidade Nacional de Cuyo*, 50(2). ISSN na versão impressa 0370-4661, ISSN (online) 1853-8665. Mendoza, Argentina.

cada m3 de água utilizada na produção), Por exemplo, um índice de produtividade seria expresso em kg m-3 (que indicaria quantos kg de produto são produzidos por cada m3 de água utilizada na produção), o que seria um índice de produtividade física da água) ou em USD m-3 (o índice indicaria quantos USD de rendimento, ou lucro, conforme o caso, são produzidos por cada m3 de água utilizada na produção, pelo que o índice de produtividade da água seria de natureza económica) ou em postos de trabalho hm-3 (o índice de produtividade seria de natureza social e, neste caso, indicaria quantos postos de trabalho estão associados à utilização de um hectómetro cúbico de água utilizada na produção).

Ao aplicar os dois modelos gerais às particularidades da produção agrícola, Rios et al (2015, 2016 e 2018 Op. Cit.) determinaram os modelos particulares de produtividade e eficiência da água utilizada na produção apresentados no Quadro 9 na secção de materiais e métodos deste trabalho, os modelos foram gerados tanto para uma cultura individual como para um agregado de diferentes culturas (forrageira, básica, oleaginosa, industrial, hortícola ou todo um padrão de culturas numa região ou país).

A pegada hídrica (PH) é um conceito mais amplo do que a produtividade da água, uma vez que a PH inclui não só o volume de água utilizado na produção direta, como no caso da produtividade da água, mas também a água virtual utilizada na produção de inputs e serviços utilizados na produção, como o transporte do produto, [18][19]o conceito de

[18]**Hoekstra, A.Y. 2003.** Virtual Water Trade: Proceedings of the International Expert Meeting on Virtual Water Trade. Delft. Países Baixos. 12 e 13 de dezembro de 2002. Value of Water Research Report Series No. 12. UNESCO-IHE. Delft. Países Baixos. www.waterfootprint.org/Reports/Report12.pdf.

[19]**Hoekstra A. Y.; Chapagain A. K. 2004.** Water footprints of Nations (Pegadas hídricas das nações). UNESCO-IHE. Instituto de Educação sobre a Água. Value of

HH foi originado por Hoekstra (2003) e desenvolvido por Hoekstra e Chapagain em 2004, no entanto, é de salientar que existem diferenças entre os dois conceitos, HH para além da água consumida na produção do bem, tal como o conceito de produtividade da água, engloba também a água virtual utilizada no transporte desse bem, bem como a água virtual englobada pelos inputs e maquinaria que foram utilizados na produção. Hoekstra e Chapagain diferenciam a pegada hídrica em azul (água de fontes superficiais e águas subterrâneas), verde (água da chuva) e cinzenta (água poluída no processo de produção) e a soma das três: a WF total.

A Tabela 2 regista os resultados resumidos encontrados sobre a produtividade física, económica e social da água utilizada na produção de algumas culturas frutícolas, bem como de cereais e oleaginosas, e ainda de leite bovino no México, [20]os valores monetários da PAA (produtividade económica da água) são os comunicados pelos autores, indicados na coluna da extrema direita do quadro, e dado que são de anos diferentes e estão valorizados em valores nominais ou correntes, é necessário primeiro deflacioná-los para USD constantes de 2018 para validar a comparação , Do mesmo modo, algumas das variáveis da PAA estão avaliadas em pesos mexicanos (MX$), outras em USD de anos diferentes de 2018 e outras ainda estão expressas em euros, [333]portanto, é uma premissa padronizar todas as informações da ADP para uma única denominação (USD

Water (Valor da Água). Série de Relatórios de Investigação. Série 16. Volume 1. Países Baixos.

[20]Quando os valores monetários são avaliados em termos nominais, ou seja, sem ter previamente retirado o efeito de distorção da inflação, não é válido fazer comparações com eles, e muito menos tirar conclusões a partir deles, uma vez que o facto de serem avaliados em termos nominais implica que existe um poder de compra diferente em cada um dos anos a que cada um desses valores pertence.

constante de 2018) e que todas se referem à mesma unidade volumétrica de água (um hm , lembre-se que um hm tem um milhão de m), desta forma, uma vez que os valores monetários da ADP foram padronizados, temos a tabela 3.

[-3]A Tabela 3 mostra que a AFP média para as culturas frutícolas, como as tâmaras, foi de 1,014 kg m-3 , com níveis extremos de AFP, como as maçãs produzidas em condições de uso de alta tecnologia (HT) e maçãs produzidas em condições de uso de média tecnologia (MT) em Chihuahua (com AFP de 3,18 e 2,02 kg m-3 respetivamente) , bem como a laranja produzida em Comondu, BCS, com um índice de 1,65 kg m-3 respetivamente).[-3212223]18 e 2,02 kg m-3 , respetivamente) , bem como a laranja produzida em Comondu, BCS, com um índice de 1,65 kg m-3 , ou em culturas com uma AFP baixa, com índices de 0,085 kg m3 , como o café produzido em condições de sequeiro, em média, em todo o Estado de Chiapas (ver quadros 2 e 3).

---

[21] **Rios-Flores, J. L., Torres M., M., Azpilcueta Ruiz-Esparza, M. 2017**.Produtividade da água na maçã produzida sob diferentes níveis de tecnificação, em Cuauhtemoc, Chihuahua, México. Rev. Asuntos Economicos y Administrativos No.32, primeiro semestre de 2017.pp.135-146, Universidad de Manizales, Colômbia.

[22] **Cifuentes, G. O. 2013.** Eficiencia ffsica, economica y social del agua irrigada en naranja (*Citrus sinensis)* en Baja California Sur Tesis profesional. Universidad Autonoma Agraria Antonio Narro Unidad Laguna, Torreon, Coahuila.

[23] **Azpilcueta Ruiz-Esparza, M., Rios-Flores, J. L., Ruiz-Torres, J. 2017**. Produtividade da água em culturas de café de sequeiro em Villaflores, Chiapas, México. Rev. Asuntos Economicos y Administrativos, primeiro semestre de 2017. Pp. 183-192. Universidade de Manizales, Colômbia.

Tabela 2. Produtividade física (PFA), económica (PEA) e social (PES) da água utilizada na produção de vários produtos agrícolas e pecuários perenes e anuais. PAE em unidades monetárias nominais.

Produto	Local	PFA	Unidades	PAA	Unidades	PSA	Unidades	Autor
Laranja	Comondu, BCS	1.65	kg пт^3	$ 1.49	MX$ lucro por m^3	3.60	Emprego s hm^3	Cifuentes, 2013.
macieira BT	Cuauhtemoc, Chihuahua	0.91	kg пт^3	$84,341	Lucro em USD por hm^3	28.10	Emprego s hm^3	Rios et al (2017)
Apple AT	Cuauhtemoc, Chihuahua	3.18	kg пт^3	$ 614,244	Lucro em USD por hm^3	22.70	Emprego s hm^3	Rios et al (2017)
Apple MT	Cuauhtemoc, Chihuahua	2.02	kg пт^3	$ 284,726	Lucro em USD por hm^3	19.60	Emprego s hm^3	Rios et al (2017)
Café temporário	Minérios de Villafl, Chiapas	0.214	kg пт^3	$ 22,992	Lucro em USD por hm^3	26.30	Emprego s hm^3	Azpilcueta et al (2017)
Café temporário	Chiapas	0.085	kg пт^3	-$ 20,295	Lucro em USD por hm^3	16.30	Emprego s hm^3	Azpilcueta et al (2017)
Videira	Caborca, Sonora	1.6	kg пт^3	$ 945,190	Lucro em USD por hm^3	10.70	Emprego s hm^3	Rios et al (2018)
Videira	Coahuila	1.09	kg пт^3	$ 223,970	Lucro em USD por hm^3	53.32	Emprego s hm^3	Carrillo, 2019
Abacate	Patzcuaro, Michoacan	1.35	kg пт^3	$ 110,000	Lucro em USD por hm^3	31.90	Emprego s hm^3	Rios, Torres y Azpilcueta (2019)
Noz	Delicias, Chihuahua	0.125	kg пт^3	$ 1.01	MX$ lucro por m^3	3.90	Emprego s hm^3	Rios, Torres y Torres (2016)
Noz	Sudoeste de Coahuila	0.064	kg пт^3	$ 29,785	Lucro em USD por hm^3	17.10	Emprego s hm^3	Rios, Torres y Rios (2018)
Pêssego	Fresnillo, Zacatecas	0.5	kg пт^3	$ 1.80	MX$ lucro por	2.00	Emprego s hm^3	Rios etal (2015)

			m^3			
Leite de vaca	Delicias, Chihuahua	0.213	L m³	$ 4,500	Lucro em USD por hm³	Rios, Rios y Rios (2019)
Leite de vaca	China	1,282	m^3 tonelada⁻¹			Gleick, Peter H. 2004.
Leite de vaca	Índia	1,078	m^3 tonelada⁻¹			Mekonnen & Hoekstra (2012)
Leite de vaca	Países Baixos	528	m^3 ton¹			Mekonnen & Hoekstra (2012)
Leite de vaca	E. U. A.	796	m^3 ton¹			Mekonnen & Hoekstra (2012)
Leite de vaca	Média mundial	1,020	m^3 ton¹			Mekonnen & Hoekstra (2012)
Toda a economia	EUA	-	6.8 (1900)-14 (1996)	Lucro em USD por m³		Gleick, Peter H. 2004
Algodão	Espanha	1.04	kg m'³	$ 0.23	€ m'³	Montesinos *et al* (2011)
Arroz	Espanha	0.81	kg m'³	$ 0.42	€ m'³	Montesinos *et al* (2011)
Morango	Espanha	0.05	kg m'³	$21.40	€ m'³	Montesinos *et al* (2011)
Girassol	Espanha	1.23	kg m'³	$ 0.25	€ m'³	Montesinos *et al* (2011)
Milho em grão	Espanha	0.38	kg m'³	$ 0.42	€ m'³	Montesinos *et al* (2011)
Oliveira	Espanha	0.39	kg m'³	$ 0.97	€ m'³	Montesinos *et al* (2011)
MÉDIA EM FRUTOS		0.945				
MÉDIA GERAL (apenas produtos agrícolas)		0.927				

Fonte: Elaboração própria. Em macieira: BT, MT y AT são as iniciais de baixo uso de tecnologia, médio uso de tecnologia e alto uso de tecnologia, respetivamente.

[24-325] Outra cultura frutífera, a videira, se produzida em Sonora, México, tem uma AFP de 1.600 kg m, e se produzida em Coahuila tem um índice de AFP de 1.090 kg m-3, com um índice de 1.[2627]350 kg m-3, o abacate produzido em Patzcuaro, Michoacan, é a última cultura frutícola que apresenta níveis relativamente elevados de PFA, uma vez que a nogueira e o pêssego se encontram entre as árvores de fruto com PFA mais baixo, pois no caso da nogueira pecan de Delicias, Chihuahua, México, o PFA foi da ordem dos 0.[-32829]125 kg m , enquanto que a nogueira produzida no sudoeste de Coahuila , México, tinha um índice de apenas 0,064 kg m -3, o pêssego de Fresnillo, Zacatecas , México, era intermédio entre as árvores de fruto com a AFP mais baixa, com um índice de 0,500 kg m -3 (ver quadros 2 e 3).

[-3]Em Espanha, Montesinos *et al* (2011)[29] verificaram que o PFA em produtos agrícolas como o algodão, o arroz, o morango, o girassol, o milho em grão e a oliveira, tinha índices de 1,040, 0,810, 0,050, 1,230, 0,380 e 0,390 kg m, respetivamente (ver quadros 2 e 3).

[24]Rios *et al (2018 Op. Cit.)*

[25]**Carrillo, C., J. 2019.** Produtividade económico-social da água na videira (*Vitis vinifera*) irrigada por gotejamento em Coahuila, México. Tese profissional. Universidad Autonoma Chapingo, Bermejillo, Durango, México.

[26]**Rios-Flores, Jose Luis, Ruiz-Torres, J. Azpilcueta Ruiz-Espazra, M. 2019.** Produtividade econômico-social da água no cultivo de abacate. O caso da produção em Michoacan, México. Editorial Academico Espanola. ISBN 978-3-639-531831. Beau Bassin, Maurícia.

[27]**Rios-Flores, Jose Luis, Torres M., M. Torres M., M. A. 2016 a,** *Op. Cit.*

[28]**Rios-Flores, Jose Luis, Navarrete: Molina, Cayetano, 2017.** Pegada hídrica e produtividade económica da água na noz-pecã (*Carya illinoensis*) no sudoeste de Coahuila, México. Revista: Estudos em Economia Aplicada Associação Internacional de Economia Aplicada. ISSN 1133-3197, Valladolid, Espanha.

[29]**Rios. Flores, J. L., Torres M. M., Ruiz T. J., Torres M. M. A., Cantu B., J. E, 2015 b.** Avaliação produtiva, económica e social da água em pêssego (*Prunus persica L Batsch)* em Zacatecas, México. Revista Avances de Investigacion Agropecuaria, Universidade de Colima, México.

[30][31323]A pegada física "HHF" em alguns produtos lácteos apresentados nos quadros 2 e 3 mostra que a PFA varia de país para país, por exemplo, de acordo com Mekonnen & Hoekstra (2012) a média mundial mostra que a produção de uma tonelada de leite requer 1,020 m de água na produção (dependendo da densidade do leite, se considerarmos 1.[3][-13-13-1]034 kg por litro de leite seria equivalente a 1,057 litros de água por litro de leite), mas se essa tonelada de leite foi produzida na China o seu HH é de 1,282 m ton , 1,078 m ton se foi produzida na Índia, apenas 528 m ton se esse leite foi produzido nos Países Baixos, nos EUA o HHF dessa tonelada de leite é de 1,282 m ton , 1,078 m ton se foi produzida na Índia, apenas 528 m ton se esse leite foi produzido nos EUA. [3-1333]O HHF do leite é de 796 milhões de toneladas e de 0,213 litros de leite por metro de água utilizada na produção no caso do leite bovino de Delicias, México (ver quadros 2 e 3).

[2][9Montesinos], **O.; Camacho, E.; Campos, B.; Rodriguez-Diaz, J. 2011.** Análise da água de rega virtual. Aplicação à gestão dos recursos hídricos numa bacia hidrográfica mediterrânica. Water Resources Management. 25 (6): 1635-1651.

[31]Que é utilizado aqui como sinónimo de AFP, mas não são a mesma coisa, uma vez que a AFP é apenas uma parte da FH, sendo as outras componentes da FHP o transporte, o armazenamento, bem como a água virtual consumida pelos bovinos na sua fase de pré-produção.

[32]**Mekonnen, M.M. & Hoekstra, A. G. (2012).** A global assesment of the water footprint of farm animal products. ECOSSISTEMA (2012). 15:401-415. DOI:10.1007-s10021-011-9517-8.

[33]**Rios-Flores, J. Luis; Rios-Arredondo, Becky E.; Rios-Arredondo, Hebrian E. 2019.** Pegadas físicas e económicas do leite. O caso do leite bovino de Delicias, Chihuahua, México. Editorial Academica Espanola. ISBN 978-620-0-02518-0. Beau Bassin, Maurícia.

Tabela 3. Produtividade física (PFA), económica (PEA) e social (PES) da água utilizada na produção de fruta e outros produtos agrícolas e pecuários. [3]PAE em USD constantes de 2018 por hm .

Produto	Local	PFA	Unidades	PEA normalizada a preços constantes de 2018 USD por hm^3	[-3]PSA (postos de trabalh o hm)	Autor
Laranja	Comondu, BCS	1.65	kg пт^3	$90,915.53	3.60	Cifuentes, 2013.
macieira BT	Cuauhtemoc, Chihuahua	0.91	kg пт^3	$90,348.19	28.10	Rios etal (2017)
Apple AT	Cuauhtemoc, Chihuahua	3.18	kg пт^3	$ 657,993.53	22.70	Rios etal (2017)
Apple MT	Cuauhtemoc, Chihuahua	2.02	kg пт^3	$ 305,005.61	19.60	Rios etal (2017)
Café temporário	Villaflores, Chiapas	0.214	kg пт^3	$ 24,629.96	26.30	Azpilcueta et al (2017)
Café temporário	Chiapas	0.085	kg пт^3	-$21,740.21	16.30	Azpilcueta et al (2017)
Videira	Caborca, Sonora	1.6	kg пт^3	$ 1,012,511.16	10.70	Rios etal (2018)
Videira	Coahuila	1.09	kg пт^3	$ 239,922.26	53.32	Carrillo, 2019
Abacate	Patzcuaro, Michoacan	1.35	kg пт^3	$ 117,834.75	31.90	Rios, Torres y Azpilcueta (2019)
Noz	Delicias, Chihuahua	0.125	kg пт^3	$ 59,543.29	3.90	Rios, Torres y Torres (2016)
Noz	Sudoeste de	0.06	kg пт^3	$34,178.97	17.10	Rios y

Produto	Local	Produtividade	Valor		Fonte
	Coahuila	4			Navarrete (2017)
Pêssego	Fresnillo,	0.5 kg пт^3	$ 113,674.92	2.00	Rios etal (2015)
Leite de vaca	Delicias, Chihuahua	0.213 L m^{-3}	$ 4,820.51	Sd	Rios, rios e rios (2019)
Algodão	Espanha	1.04 kg m^{-3}	$ 279,303.77	Sd	Montesinos et al (2011)
Arroz	Espanha	0.81 kg m^{-3}	$ 510,032.97	Sd	Montesinos et al (2011)
Morango	Espanha	0.05 kg m^{-3}	$ 25,987,394.28	Sd	Montesinos et al (2011)
Girassol	Espanha	1.23 kg m^{-3}	$ 303,591.05	Sd	Montesinos et al (2011)
Milho em grão	Espanha	0.38 kg m^{-3}	$ 510,032.97	Sd	Montesinos et al (2011)
Oliveira	Espanha	0.39 kg m^{-3}	$ 1,177,933.29	Sd	Montesinos et al (2011)
MÉDIA FRUTAS (sem		1.014 kg m^{-3}	$ 300,211.63	19.63	
MÉDIA AGRICULTURA	0.982		$ 1,852,535.66		

Fonte: Elaboração própria, com base no quadro 2.

[33] Quanto à produtividade económica da água "PEA", depois de deflacionar as variáveis monetárias relatadas pelos autores na Tabela 2 e padronizar todas elas para USD constantes de 2018 por hm de água utilizada na produção, é mostrado na Tabela 3, a partir dessa fonte observa-se que um hm de água utilizada na produção de frutas (sem morango e leite) produziu um lucro médio de USD 300.211.[-3-3]63 hm , e um lucro médio de USD1.852.535,66 hm em produtos agrícolas em geral (sem morango de Espanha e leite em geral) (ver quadro 3).

[3343536] Entre as árvores de fruto, destacam-se as seguintes por terem um PAE (sempre o PAE em USD de lucro por hm) superior à média da produção frutícola: maçã A T com USD 657.993,53, maçã MT com USD 305.005,61 , uvas de Caborca , Sonora com USD 1.012.511,16 e a oliveira de Espanha com USD 1.117.933,29 (ver quadro 3).

[3738-3]Enquanto as árvores de fruto que tiveram um PAE inferior ao PAE médio foram a laranja produzida em Comondu, BCS, com USD 90.915,53, a macieira de baixa tecnologia BT com USD 90.348,19, o café sazonal de Chiapas (perda de USD 21.740,21 hm) e Villaflores (USD [39] [40] [41]24.629,96)[38] , as uvas produzidas em Coahuila, México, com 239.922,[2639] dólares, o abacate de Patzcuaro, Michoacan, México, com 117.834,75 dólares, as nozes produzidas em Delicias, Chihuahua, com 59.543 dólares.[424344-3]29 , a noz produzida no sudoeste de Coahuila, com 34 178,97 USD, e o pêssego de Zacatecan, de Fresnillo, com 113 674,92 USD hm (ver quadro 3).

[-3]Das culturas espanholas referidas por Montesinos *et al* (2011 *Op. Cit.*), o algodão (USD 279.303,77 de lucro por hm) e o girassol (USD 303.591,05 hm) ficaram abaixo da média da PEA das árvores de fruto.[-3]05 hm), o arroz, o milho em grão e o morango espanhol registaram uma PAE superior à média das culturas frutícolas, e mesmo o morango, superior à PAE média global dos produtos

[34]Rios *et al* (2017, *Op. Cit.*)
[35]Rios *et al* (2018, *Op. Cit.*)
[36]Montesinos *et al* (2011, *Op. Cit.*)
[37]Cifuentes (2013, *Op. Cit.*)
[38]Rios *et al* (2017, *Op. Cit.*)
[39]Azpilcueta *et al* (2017, *Op. Cit.*)
[40]Carrillo (2019, *Op. Cit.*)
[41]Rios, Torres e Azpilcueta (2019, *Op. Cit.*)
[42]Rios, Torres e Torres (2016, *Op. Cit.*)
[43]Rios e Navarrete (2017, *Op. Cit.*)
[44]Rios *et al (2015 b, p. Cit.)*

agrícolas (ver quadro 3).

[45]É interessante notar que o PAE do leite bovino em Delicias, Chihuahua, com apenas USD 4.820.[-3]51 de lucro hm , foi, a seguir ao café, um dos PAA mais baixos (ver quadro 3), mas é preciso ter cuidado, pois isto não significa que o sector dos lacticínios não produza lucros, não, é exatamente o contrário, os seus lucros, pelo menos no México para grupos industriais como a LALA, são enormes, o que torna o seu PAA muito baixo é que este sector dos lacticínios utiliza enormes quantidades de água.

[33]A um nível geral, para toda a economia dos EUA, no período de 1900 a 1996, Gleick (2002)[45] determina que a PAA estava a aumentar, uma vez que um m de água utilizada na economia dos EUA viu a produtividade económica da água aumentar de 6,7 para quase 14 m de dólares (ver Figura 2).

[3]Em relação à produtividade social da água "PES", a tabela 3 mostra que, em média, nas culturas frutícolas, a utilização de um hm de água na produção está associada à criação de 19.[46] [47-348-349]63 postos de trabalho, verificando-se que as culturas que se situaram acima desta média foram: macieiras BT, AT com 28,1, 22,7 e macieiras MT situaram-se na média com 19,60 postos de trabalho hm , café sazonal de Villaflores , Chiapas, com 26,30 postos de trabalho hm , uvas de Coahuila , México, com 53.[-350-3-35152]

[45]**Rios-Flores, J. Luis; Rios-Arredondo, Becky E.; Rios-Arredondo, Hebrian E. 2019.**
Op. cit.
[46]**Gleick, Peter H. 2004.** Global freshwater resources. Soluções suaves para o século XXI.
[47]Rios *et al (2017, Op. Cit.)*
[48]Azpilcueta *et al* (2017, *Op. Cit.*)
[49]Carrillo (2019, *Op. Cit.*)
[50]Rios, Torres e Azpilcueta (2019, *Op. Cit.*)
[51]Cifuentes (2013, *Op. Cit.*)
[52]Azpilcueta *et al* (2017, *O. Cit.*)

32 postos de trabalho hm , abacate de Patzcuaro , Michoacan, México, com 31,90 postos de trabalho hm , enquanto as culturas que tiveram um PES inferior à média de 19,63 postos de trabalho hm , foram as culturas de: laranja de Comondu, BCS, café sazonal de Chiapas com 16.[-353-3-3 5455-356]30 empregos hm , a videira de Caborca, Sonora, com 10,70 empregos hm , as nogueiras de Delicias, Chihuahua, México, com 3,90 empregos hm , e do sudoeste de Coahuila, com 17,10 empregos hm , finalmente o pêssego produzido em Fresnillo, Zacatecas, México, com 2,0 empregos hm (ver quadros 2 e 3).

Figura 2. Produtividade económica da água utilizada nos Estados Unidos da América de 1900 a 1996.

Fonte: Global Freshwater Resources: Soft-Path Solutions for the 21st Century Peter H. Gleick.
https://science.sciencemag.org/content/sci/302/5650/1524.full.pdf

III.2. A produção de tamareira (*Phoenix dactylifera*)

A produção mundial de tâmaras, tal como consta da

---

[53]Rios *et al 2018, Op. Cit.*)
[54]Rios, Torres e Torres (2016, *Op. Cit.*)
[55]Rios e Navarrete (2017, *Op. Cit.*)
[56]Rios *et al* (2015 b, *Op. Cit.*)
[56] **Salomon-Torres, R., Ortiz-Uribe, N., & Villa-Angulo, R. 2017**. A produção de tamareira (*Phoenix dactylifera L.*) no México. Nueva epoca. Ano 16 No.91, janeiro-junho de 2017, Ciencias Sociales y Exactas. Universidade Autónoma de Baja California

A tabela 4 mostra que em 2001, foram produzidas 5.197.422 toneladas no mundo, sendo o Egipto o principal produtor com 21,2% (1.102.350 toneladas) da produção mundial, Irão, Arábia Saudita, Iraque, Argélia, Emirados Árabes Unidos e Omã, sendo os principais produtores de datetil no mundo com 88.O México, apesar de figurar nesse ano na produção mundial, com as suas 2.600 toneladas contribuiu apenas com 0,05% da produção mundial, mas já em 2013, de acordo com a figura 3, aumentou cerca de 38% passando a ser igual a 7.189.789 toneladas.

Quadro 4. Produção de tâmaras por país em 2001.

País	Toneladas	País	Toneladas
Egipto	1,102,350	Iémen	29,837
Irão	900,000	Mauritânia	22,000
Arábia Saudita	712,000	Chade	18,000
Paquistão	550,000	Qatar	16,500
Iraque	400,000	Estados Unidos	15,875
Argélia	370,000	Kuwait	10,376
Emirados Árabes Unidos	318,000	Israel	9,484
Omã	260,000	Turquia	9,400
Sudão	177,000	Somália	10,000
China	110,000	Níger	7,600
Tunísia	107,000	Espanha	7,000
Marrocos	32,400	México	2,600
Total			5,197,422

Fonte: Info Agro. Cultivo de tâmaras (parte). Baseado em dados da FAO, 2001. Disponível em:
https://www.infoagro.com/frutas/frutas_tropicales/datil.htm

Por continente, de acordo com Salomon, Ortiz e Villa (2017)[56], em 2013, os dez principais países produtores de tâmaras, Egipto, Irão, Arábia Saudita, Argélia, Iraque, Paquistão, Omã, Emirados Árabes Unidos, Tunísia e Líbia, produziram 91,6% da produção mundial de tâmaras, enquanto a América e a Europa contribuíram com 0,4% e 0,2%, respetivamente.

Só ao nível do México, a Figura 3 mostra que em 2015 a

produção de tâmaras no México caracterizou-se por 1.052,5 ha colhidos, com uma produção de 7.427,1 toneladas, produção essa que teve um valor de mercado de MX$ 326.239,35 mil.

Estado	Município	Sementes superfinas	Colheita superfina (Hi)	Produção (toneladas)	Rendimento (TonfHa)	Preço médio Rural (.(.'Ton)	Valor da produção (Milhares de pesos)
Bai a Califórnia	Mexicali	668.25	303.00	2411.84	7.96	57,826.65	139,468.62
Baia Sul da Califórnia	ComondLi	112.00	121.00	128.26	1.06	40,000.00	5,130.40
Baixa Califórnia Sul	La Paz	22.50	0.00	0.00	0.00	0.00	0.00
Bai a Califórnia Snr	Mnlege	204.50	14.50	29.00	2.00	35 627.59	1 033.20
Coahuila	Viesca	15.00	5.00	12.60	2.52	38000.00	478.80
Sonora	Allar	2.00	2.00	10.40	5.20	39 500.00	410.80
Sonora	Caborca	7.00	7.00	35.00	5.00	40 500.00	1417.50
Sonora	San Luis Rio Colorado	900.00	600.00	4800.00	8.00	37 145.84	178 300.02
Totais		1940.25	1052.50	7427.10	7.06	43 925.54	326 239.35

Figura 3. Produção de tamareira (*Phoenix dactylifera*) no México em 2015. Dados do SIAP-SAGARPA (2016). Citado por Salomon, Ortiz e Villa (2017 Op. Cit).

[1-1]A Figura 3 mostra que, em termos de rendimento físico, a média nacional foi de 7,06 toneladas de tâmara por ha, variando de 1,06 toneladas por ha em Comondu, BCS, a 8,0 toneladas por ha em San Luis Rio Colorado, Sonora, de acordo com a Figura 1, Sonora é o principal produtor, com 4.845,4 toneladas, representando 65,24% da produção.

O segundo maior produtor foi Baja California com 2.540,1 toneladas, equivalente a 34,2% da produção nacional, enquanto Baja California Sur e Coahuila contribuíram com os restantes 0,56%.

III.3. Características da tamareira (*Phoenix dactylifera* L.)

[58] [59]A tamareira (*Phoenix dactylifera L.*) é classificada da seguinte forma, de acordo com Dransfield e Uhi (1986[57], citados por Zaid, 2002):

Grupo: Spadicifora

Encomendar: Palmea

Família: Palmaceae

Subfamília: Coryphyoideae

Tribo: Phoeniceae

Género: Fénix

Espécie: Dactylifera L.

No entanto, a fonte da Wikipédia, que a classifica como aparece na figura 4, coincide com a descrição botânica de Zaid (2002 *Op. Cit.*) na qual é citada a descrição de Dransfield e Uhi (1986).

---

[58] **DRANSFIELD, J. e NW UHL. (1986):** Resumo de uma classificação das palmeiras. Princípios 30 (1): 3-11. Citado por **Abdelouahhab, Zaid, 2002.**
[59]**Abdelouahhab, Zaid, 2002**. Cultivo da tamareira. DOCUMENTO DA FAO SOBRE PRODUÇÃO E PROTECÇÃO DE PLANTAS. 156 REV.1 ISSN 0259-2517 ISBN 92-5-104863-0. Roma, Itália. Disponível em: http://www.fao.org/3/y4360e/y4360e00.htm

Figura 4. Taxonomia da tamareira (*Phoenix dactylifera L.*).

A origem da tamareira (*Phoenix dactylifera L.*[60]) é do Norte de África ou da Arábia , embora outras fontes situem a sua origem filogenética na Mesopotâmia, entre o rio Tigre e o rio Eufrates, no que seria o atual Iraque, foi cultivada há 50.000 anos, e daí espalhou-se pelos países afro-asiáticos de clima seco, de Marrocos ao Paquistão, Foi introduzida na América por missionários espanhóis, e ainda é cultivada na Califórnia, Arizona, Texas e México, entre os últimos países que foram incorporados ao seu cultivo estão a África do Sul, Austrália, Grécia, Sicília e sul da Europa. É uma árvore dióica, esguia, que pode atingir 25-30 m de altura e

---

[60]**Infoagro.** Cultivo de tâmaras (parte 1):
https://www.infoagro.com/frutas/frutas_tropicales/datil.htm

2 m de diâmetro na base do caule. Caule: robusto, reto, inerte, não ramificado, coberto pelas bases das folhas mortas, coroado no ápice por um tufo de folhas vivas. [60]A parte inferior apresenta geralmente numerosas raízes adventícias, que dão origem a rebentos, nomeadamente quando a palmeira é jovem, pelo que podem desenvolver-se várias plantas se não forem podadas .

O nome botânico da tamareira, *Phoenix dactylifera L.,* de acordo com Abdelouahhab (2002 *Op. Cit.*) provém do fenício "Phoenix" que significa tamareira, e da palavra grega "dactylifera" que significa dedo, devido à semelhança do fruto precisamente com um dedo, no entanto, o autor salienta que o seu nome poderia também provir da ave egípcia "Fénix" que vivia até aos 500 anos e que depois de ser atirada ao fogo voltava a crescer, à semelhança do que acontece com a tamareira, capaz de sobreviver aos danos do fogo e voltar a crescer.

O quadro 5 descreve as espécies de tamareiras e a sua distribuição geográfica no mundo.

Tabela 5. Distribuição das espécies de tamareiras (*Phoenix dactylifera L.*).

Espécies	Nome comum	Distribuição
Phoenix dactylifera	Tamareira	Países mediterrânicos, África e parte da Ásia, introduzida na América do Norte e na Austrália.
P. atlantica A. Chev		África Oriental e Ilhas Canárias
P. canariensis chabeaud	Palmeira das Canárias	Ilhas Canárias e Cabo Verde
P. reclinata Jacq.	Palmeira-silvestre	África tropical (Senegal e Uganda) e Iémen (Ásia)

P. sylvestris ***Roxb.***	Tamareira	Índia e Paquistão
P. humilis Royle	Tamareira	Índia, Birmânia e China
P. hanceana ***Naudin***		Sul da China e Tailândia
P. robelinic ***O'Brien***		Sri Lanka, Toukin, Annam, Laos e Tailândia
P. farinifera ***Roxb***	Palmeira pigmeia	Índia, Ceilão e Anam

Fonte: CHEVALIER, A. (1952): Recherche sur les Phoenix africains; RBA, Mai-Juin, 1952. Citado por Abdelouahhab (2002 Op. Cit.), para além da espécie *P. dactylifera*, as espécies comestíveis são *P. atlantica Chev, P. reclinata Jacq, P. farinifera Roxb, P. humilis Royle, P. acaulis Roxb.*

A maioria das doze espécies de Phoenix são bem conhecidas como plantas ornamentais, sendo a mais apreciada a P. canariensis Chabeaud, vulgarmente designada por Palmeira das Ilhas Canárias. P. sylvestris Roxb. É muito utilizada na Índia como fonte de açúcar. A P. dactylifera L. distingue-se das duas espécies anteriores por várias características que podem ser resumidas da seguinte forma: produção de canas, tronco alto colunar e relativamente alto, se incluirmos a coroa das folhas pode atingir até 20 m de altura, em relação ao fruto, a tamareira pesa de 2 a 60 gramas, consoante a variedade, o teor de água do fruto varia de 24 a 85% consoante a variedade e se é precoce ou tardia. Os limites extremos da distribuição geográfica da tamareira situam-se entre 10° Norte (em SomaKa) e 39° Norte (Espanha), mas entre 24° Norte e 34° Norte (Marrocos, Tunísia, Argélia, Israel, Egipto, Iraque, Irão) são as zonas mais favoráveis. Quanto à altura acima do nível do mar, a tamareira cresce de 6 m acima do nível do mar (como na Índia, Califórnia, EUA) a 1500 m acima do nível do mar.Quanto ao teor de açúcar, depende da variedade e da percentagem de humidade. Para os EUA, estima-se que cinquenta e uma variedades têm um teor de açúcar de 77%, e só para a sacarose, as percentagens são de 1 e 36%, respetivamente para as tamareiras frescas e secas (Abdelouahhab, 2002 Op. Cit).

A mesma fonte acima mencionada indica que alguns dos produtos derivados do fruto são sumo, xarope, adoçante de baixas calorias açúcar kquid, levedura proteica, vinagre, vinho e álcool, sem contar com a sua utilização como doces e snacks, ou como produtos de confeitaria cobrindo-os com chocolate, ou recheios de nozes, compotas, manteiga de tâmara, creme de tâmara, conservas e tamareira caramelizada, e determina-se que os açúcares totais na tamareira com elevado teor de humidade são em média 78%.

De acordo com o Quadro 6, estima-se que existam 100 milhões de tamareiras no mundo, distribuídas por 770 mil ha. O Iraque é o país com a maior concentração de tamareiras, com 22,3 milhões de tamareiras, contribuindo com 22,3% do total mundial de tamareiras, o México apenas contribui marginalmente, uma vez que está incluído no que Abdelouahhab (2002 Op. Cit) designa por "Outros países" no seu quadro.

Quadro 6. Área e número total de tamareiras no mundo.

País	Número de palmeiras (milhares)	% do total mundial	Área (milhares de ha)	Densidade de plantação (palmeiras/ha)
Iraque	22,300	22.3	125	178
Com	21,000	21		
Arábia Saudita	12,000		45	148
Argélia	9,000	9	45	200
Egipto	7,000		45	200

Líbia	7,000		27.5	254
Paquistão	4,375	4.37		
Marrocos	4,250	4.25	84.5	50
Tunísia	3,000		22.5	133
Sudão	1,333	1.33		
Mauritânia	1,000	1		
Omã	1,000	1		
Iémen	800	0.8	6.4	125
EUA	359	0.35	3.44	105
SomaKa	204	0.2	3.7	50
Barém	200	0.2	0.35	577
Israel	200	0.2	1.6	125
Palestina		0.06	0.25	200
Kuwait		0.03		
Síria		0.01		
Outros países	4,929	4.92		
TOTAL MUNDIAL	100,000	100	770	173

Fonte: Djerabi (1995), "Mediterranean Choices" (1996), citado por Abdelouahhab (2002)

[3]-[12]No que diz respeito à quantidade de água exigida pela cultura, Liebenberg e Abdelouahhab (2002) para a Argélia, o quadro 4 mostra que, dependendo da região, a quantidade de água por hectare varia entre 10.368 e 34.190 m ha, o que equivale, depois de dividir pelos 10.000 m de um ha, a extensões de irrigação de 1.038 e 3.419 m, respetivamente.

Quadro 7. Necessidades hídricas aproximadas da tamareira em diferentes regiões da Argélia . Fonte:
Elaboração própria, PJ Liebemberg e A Zaid (trata-se do quadro 50 do seu capítulo VII Date of palm irrigation, citado por Abdelouahhab Zaid, 2012. *Op. cit*).

Cientista (ano)	Região	Número de árvores por ha	[3]Necessidades aproximadas (m /ha/ano)
Rolland (1894)	Saara (Argélia)	130	34,190

Rosa (1898)	Ziban (Argélia)		10,368
Jus (1900)	Oved Rhir (Argélia)	130	22,750
Wertheimer (1957)	Ziran (Argélia)		15,000

[3-1] [3-1]O intervalo da procura métrica por hectare para as regiões da Argélia, um dos principais países produtores de tâmaras do mundo, indicado no parágrafo anterior, coincide com o intervalo da procura de água nos quadros 7 e 8, para os valores da Argélia com os do Comondu na rega tradicional por gravidade, uma vez que estes dados variam entre 13 000 m ha (Marrocos) e 36 000 m ha (Califórnia, EUA). Mas não coincide com a irrigação tecnificada, onde o volume de água utilizado por hectare diminui para volumes de água equivalentes a um quinto e até a um décimo do volume de água exigido na irrigação por gravidade tradicional, como no caso da irrigação por bomba em San Luis Rfo Colorado, Sonora, onde, com 2.600 m3 por hectare, o volume de água utilizado por hectare diminui para volumes de água equivalentes a um quinto e até a um décimo do volume de água exigido na irrigação por gravidade tradicional.

Quadro 8: Irrigação de tamareiras a nível mundial.

Sítio	[3] Quantidade de água (m por ha)
Argélia	15,000-35,000
Califórnia, E.U.A.	27,000-36,000
Egipto	22,300
Índia	22,000-25,000
Iraque	15,000-20,000
Vale do Jordão, Israel	25,000-32,000
Marrocos	13,000-20,000

África do Sul	25,000
Tunísia	23,600
Comondu, BCS Irrigação por gravidade tradicional	24,000-27,000
Comondu, BCS Irrigação por bombagem	4,800-5,400
San Luis Rios Colorado, Sonora irrigação por gotejamento	2,600

Fonte do quadro 8: Elaboração própria, com sede em Liebenberg e Abdelouahhab (2002) para dados da Argélia à Tunísia, e Cisneros (1983) para tâmaras tradicionais irrigadas por gravidade com água rolada, e bombeamento em Comondu, BCS, México e de FIRA (2019) para o campo de tâmaras de San Luis Rios Colorado, Sonora irrigado por gotejamento de água subterrânea.

[3-1] m ha , implica uma taxa de irrigação de 0,26 cm, equivalente a apenas um décimo da taxa de irrigação de entre 2,4 e 2,7 m para tâmaras tradicionalmente irrigadas com água de escoamento do Comondu, ou ainda mais, representaria apenas 7% da taxa de água utilizada por hectare na produção de tâmaras tradicionalmente irrigadas na Argélia ou nos EUA.

[61] As principais variedades de tamareira (*Phoenix dactylifera L.*) referidas por Cisneros (1983) são:

a) Deglet Noor, variedade tardia, que produz 90 a 130 kg por planta e por ano.

b) Khadrawy, precoce e com 50 a 70 kg por planta e por ano.

c) Zahidi, variedade intermédia, com um rendimento anual de 90 a 120 kg por planta.

d) Kustawy, variedade intermédia, com 70 a 90 kg por planta e por ano.

---

[61] **Cisneros, Arias Rodrigo, 1983.** Observações sobre o cultivo de tâmaras na região de San Ignacio, La Purisima e Comondu, Baja California Sur. Tese profissional. Escola Superior de Agricultura, Universidade de Guadalajara, México.

e) Halawy, variedade precoce, com 60 a 70 kg por planta e por ano.

[62]A SFA-SAGARPA (2010) acrescenta a variedade Medjool, referindo que os produtores californianos chamam a esta variedade "o Cadillac das tâmaras", uma vez que "é sem dúvida a melhor de todas e a que obtém os preços mais elevados, embora devido ao tipo de açúcares que contém, o seu fruto seja mais delicado e a sua conservação exija refrigeração. Por este motivo, recomenda-se a sua comercialização antes dos três meses. As suas tâmaras são extremamente longas, com uma polpa suave e doce, de cor castanha com tonalidades variáveis consoante a zona de cultivo e com um peso por unidade entre 15 e 23 gramas. É originária de Marrocos", enquanto a variedade Deglet Noor tem uma duração de conservação até um ano sem refrigeração e o peso dos seus frutos varia entre 8 e 11 gramas, a tâmara da variedade Halawy tem entre 7 e 10 gramas, com polpa macia, sabor tenro e doce, e forma alongada, sendo classificada como uma das melhores variedades, enquanto a variedade Zahidi é conhecida como "tâmara dourada" devido à sua cor clara, forma arredondada, tamanho médio e não tão doce como as variedades anteriores, pelo que é consumida em preparações que requerem cozedura, típicas da cozinha e pastelaria árabes".[63]

---

[62]**Secretaria de Desenvolvimento Agrário-SAGARPA, 2010**. Estudo estatístico sobre a produção de tâmaras no município de Mexicali, Baja California. P.15
[63] **Secretarana de Fomento Agropecuario-SAGARPA, 2010,** *Op. Cit.*

IV. MATERIAIS E MÉTODOS
IV.1. Localização da área de estudo

A DDR Comondu está localizada no município com o mesmo nome, Comondu, na Baja California Sur, cujas coordenadas extremas são 23° 35' 25" a 26° 24' 16" de latitude norte e 110° 52' 07" a 112° 47' 11" de longitude oeste, Faz fronteira a norte com o município de Mulege, BCS, a sul com o município de La Paz, BCS, a leste com o município de Loreto, e a oeste com o Oceano Pacífico, a sua capital é Ciudad Constitucion, a sua extensão territorial é de 12.547.^{2}3 km , com uma altitude média acima do nível do mar de 456 metros, 70.816 habitantes em 2010, de acordo com o INEGI no seu último Recenseamento Geral da População e Habitação, o seu clima é maioritariamente desértico, a temperatura média anual é ligeiramente superior a 22 ° C, com 100 mm de precipitação por ano, em média (ver figura 5).

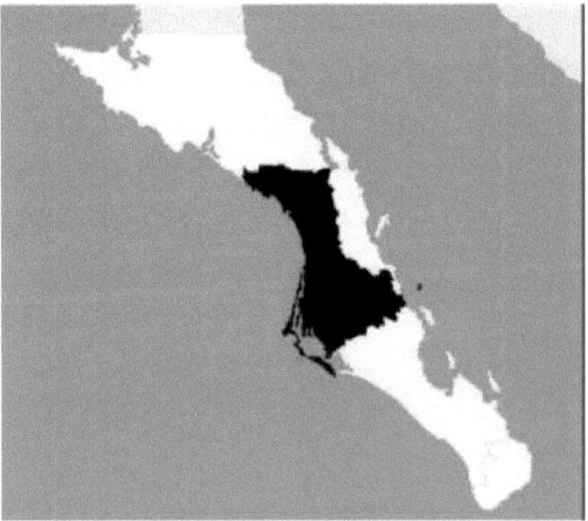

Figura 5. localização do município de Comondu, Baja California Sur, México.

IV.2. Fontes de informação

[64]Para a estimativa dos índices de produtividade física, económica e social da cultura da tamareira (*Phoenix dactylifera*) *e do* milho em grão (*Zea mays*) na DDR Comondu, BCS, utilizámos as variáveis de área colhida (em hectares), produção física anual (em toneladas) e o Valor Bruto da Produção (em milhares de pesos nominais) reportados pelo SIAP-SAGDER (2018) na sua página web, na sua página web, [65]Produção física anual (em toneladas) e o Valor Bruto da Produção (em milhares de pesos nominais) comunicados pelo SIAP-SAGDER (2018) na sua página web, a partir dos quais se obtêm as variáveis de rendimento físico "RF" por hectare (em toneladas por hectare) e o PMR (preço médio rural, [66]Esta fonte de custos de produção contém também informações sobre o número de trabalhadores por hectare, o custo financeiro e a renda da terra (que foram aglutinados em custos variáveis e custos fixos), e foi adicionado o custo de depreciação de máquinas e equipamentos, bem como a amortização do capital inicial investido.

[67]Os custos de produção por hectare para 2018 para a tamareira (*Phoenix dactylifera*) foram obtidos de Vega (2014) , que, na ficha proforma do plano de negócios, faz uma projeção de receitas e custos para os cinco anos de

---

[64]A SGADER (Secretaria de Agricultura, Ganaderia y Desarrollo Rural) divide o país em DRs (Distritos de Riego), e os DRs, por sua vez, são divididos em DDRs (Distritos de Desarrollo Rural) que, por sua vez, são divididos em CADERs (Centros de Apoyo al Desarrollo Rural).

65SIAP-SAGDER (2018). CierreAgricola2018 . Disponível cm:
http://infosiap.siap.gob.mx/aagrlcola_siap_gb/icultivo/

[66]**FIRA, 2019.** AGROCOSTOS. Disponível pt:
https://www.fira.gob.mx/InfEspDtoXML/TemasUsuario.jsp

[67]**Vega, C. Brenda B. 2014.** Plano de negócios para a comercialização de tâmaras do oásis de San Miguel e San Jose de Comondu. Tese profissional. Universidade Autónoma de Baja California Sur. La Paz, Baja California Sur, México.

2015 a 2019, tomando como base as taxas de crescimento dos preços da tamareira e dos custos de produção, bem como a taxa de inflação, Os custos de produção são repartidos em custos fixos e custos variáveis, aos quais se acrescentam os custos de depreciação das máquinas e equipamentos, bem como a amortização do capital com base no investimento inicial para a instalação da cultura, uniformizando assim os custos de produção por hectare para as culturas da tamareira e do milho-grão na RDA Comondu.

IV.3. Base de dados e variáveis

[68]A determinação da produtividade hídrica física (PFA), econômica (PEA) e social (PSA), avaliada através da determinação de indicadores neste estudo para as culturas de tamareira (*Phoenix dactylifera*) e milho em grão *(Zea mays)* na RDD Comondu, foi baseada nos índices de PFA, PEA e PSA de Rios *et al* (2018) específicos para uma cultura individual ou um conglomerado de diversas culturas Rios *et al.*

[69](2015 a), que constam do Quadro 9, utilizando as variáveis independentes de natureza macroeconómica-agrícola, cuja significância se assinala a seguir:

[-1]RFi = Rendimento físico da i-ésima cultura (em ton ha).

LRi = Linha de irrigação da i-ésima cultura (em m).

ECi = Eficiência de condução hidráulica da i-ésima cultura. 0 <

[70]CE < 1 .

---

[68]Rios Flores, Jose Luis, *et al (2018, Op. Cit.)*
69Rios-Flores, Jose Luis *et al* (2015, *op. cit.*).
[70]Se a fonte de abastecimento de água estiver próxima da parcela da cultura que vai utilizar a água, bem como no caso de um tipo de rega altamente técnico, a CE tenderá a aproximar-se de 1, ou seja, tenderá a ter uma eficiência de 100%, mas se a fonte de abastecimento de água estiver longe da parcela ou se for um tipo de rega pouco técnico, então a CE tenderá a afastar-se de 1 e a aproximar-se de 0.

Si = Superfície colhida da i-ésima cultura (em ha).

$^{-1}$pi = Preço do produto da i-ésima cultura (em MX$ tonelada).

PC = Taxa de câmbio, pesos mexicanos (MX$) por USD.

$^{-1}$Ci = Custo de produção por hectare da i-ésima cultura (em MX$).

$^{-1}$gi = Ui = Lucro por hectare da i-ésima cultura (em US$ ha)=RFi(pi/PC)-(Ci/PC).

Ji = Número de dias investidos por hectare na i-ésima cultura.

i = i-ésima cultura sob uma forma particular de irrigação (bombagem, gravidade).

288 = Número de dias de trabalho por ano por trabalhador = 6 dias de trabalho por semana, vezes 48 semanas por ano.

Tabela 9. Modelos matemáticos utilizados para a medição da produtividade física (PFA), económica (PEA) e social (PES) da água utilizada na produção.

Variável	Modelo de cultivo individual	Modelo para um agregado de grupo de culturas
1) PFA (en L kg^{-1})	$Y = 10^4 \cdot LR_i \cdot (RF_i \cdot EC_i)^{-1}$	$y = \dfrac{10^4 \sum\limits_{i=1}^{n} S_i\, LR_i\, (EC_i)^{-1}}{\sum\limits_{i=1}^{n} S_i\, RF_i}$
2) EFA (kg m^3)	$Y = 10^{-1} \cdot RF_i \cdot EC_i \cdot LR_i^{-1}$	$y = \dfrac{10^{-1} \sum\limits_{i=1}^{n} S_i\, RF_i}{\sum\limits_{i=1}^{n} S_i\, LR_i\, (EC_i)^{-1}}$
3) EEA (m^3 USD de ganancia^{-1})	$y = \dfrac{10^4 \left(\dfrac{LR_i}{EC_i} \right)}{RF_i \left(\dfrac{P_i}{PC} \right) - \left(\dfrac{C_i}{PC} \right)}$	$y = \dfrac{10^4 \sum\limits_{i=1}^{n} S_i\, LR_i\, (EC_i)^{-1}}{\sum\limits_{i=1}^{n} S_i\, ((RF_i\, P_i - C_i)/PC)}$
4) PEA (miles de USD de ganancia hm^{-3})	$y = 10^2\, g_i EC_i (LR_i)^{-1}$	$y = \dfrac{10^2 \sum\limits_{i=1}^{n} S_i\, g_i}{\sum\limits_{i=1}^{n} S_i\, LR_i\, (EC_i)^{-1}}$
5) PSA (Empleos hm^{-3})	$y = \dfrac{25\, J_i}{72\, (LR_i / EC_i)}$	$y = \dfrac{25 \sum\limits_{i=1}^{n} S_i J_i}{72 \sum\limits_{i=1}^{n} S_i (LR_i / EC_i)}$
6) ESA (m^3 empleo^{-1})	$y = \dfrac{2.88 \cdot 10^6\, LR_i}{J_i EC_i}$	$y = (2.88 \cdot 10^6) \dfrac{\sum\limits_{i=1}^{n} S_i (LR_i / EC_i)}{\sum\limits_{i=1}^{n} S_i J_i}$

Fonte: Elaboração própria, com base nos modelos matemáticos que estimam PFA, PEA, PSA, EFA, EEA e ESA para uma cultura individual ou para agregados de culturas de Rios *et al* (2015 a) e Rios *et al* (2018).

Em todas as equações do PSA, PEA, PSA, EFA, EEA e ESA, o volume "V" de água utilizado por hectare pela cultura foi utilizado para obter o quociente formado pela lâmina de irrigação "LR" dividida pela eficiência de condução "EC" da rede hidráulica (estimada em 90%) multiplicada por 10.000, que é o número de metros quadrados de um hectare. [71]A RL e a CE são as habituais

---

[71] **INIFAP-CENID-RASPA. (2006).** *Programa de Irrigação.* [Acedido em: 1 de

na região, que foram obtidas com o *Programa de Rega* do Centro Nacional de Investigação Disciplinar sobre a Relação Água Solo Planta Atmosfera (CENID-RASPA), organismo do Instituto Nacional de Investigação Florestal, Agrícola e Pecuária (INIFAP-CENID-RASPA, 2006) .

As equações de produtividade do capital para este estudo são as apresentadas no quadro 10.

Tabela 10: Modelos matemáticos utilizados para medir a produtividade social do capital (SPC), a eficiência social do capital (SCE) e o rácio benefício-custo (BCR/C).

Variável	Modelo
7) CPS (empregos/USD investidos)	$PSC = (31250/9)*Ji*PCi/Ci$
$^{-1}$8) CES (emprego investido em USD)	$ESC = 288*Ci/(Ji*PCi)$
(9) RB/C (sem dimensões)	$RB/C = RFi*pi / Ci$

Fonte: Elaboração própria, com base nos modelos matemáticos estimadores do ESC, PSC e RB/C de Rios e Navarrete (2017).

As variáveis independentes J, RF, p, C e PC são as indicadas no quadro 4.

setembro de 2019]. Disponível em: https://cenidraspa.org/serg/serg_v1.php

V. RESULTADOS E DISCUSSÃO.

V.1. Rentabilidade, indicadores de produtividade e eficiência da água utilizada na produção de tamareira (*Phoenix dactylifera*) tradicionalmente irrigada por gravidade versus milho em grão (*Zea mays)* em Comondu, Baja California Sur em 2018.

[72]Segundo dados do SIAP-SAGDER (2018) o padrão agrícola do DDR Comondu teve 57 culturas em 2018, que tiveram uma área de 26.457 ha colhida, que produziu um valor de MX$ 2.672,485 milhões, a tâmara representou 0,25% da área e do VBP distrital, já o milho em grão ocupou 17,39% da área colhida e contribuiu com 6,57% do VBP distrital.

A Tabela 11 mostra que na DDR Comondu, BCS, foram colhidos 65 ha de tâmaras em 2018, com um volume de produção de 230 toneladas, que teve um valor de mercado de 342.Em relação ao milho em grão, a tâmara representou 1,4 da área colhida de milho em grão, e o seu VBP foi equivalente a 4% da dimensão do VBP da grama, mas o preço/tonelada de tâmara, de 1.489 USD, foi 7,5 vezes o preço por tonelada de milho em grão.

[-1-1]O rendimento por hectare de tâmaras ascendeu a 5 271,8 USD por hectare, 2,8 vezes o rendimento do milho em grão, com 1 883,5 USD por hectare.

Tabela 11. Área, produção, valor da produção, rentabilidade e utilização de água na cultura de datil (*Phoenix dactylifera*) irrigada de forma tradicional por gravidade versus grão de ma^z (*Zea mays*) em ComondO, Baja California Sur em 2018.

72SIAP-SAGDER (2018). "Cierre agrfcola 2018". Disponível em https://nube.siap.gob.mx/cierreagricola/

Variáveis macroeconómicas	(a) Data	(b) Milho em grão	c=a/b
Área colhida (ha)	65.0	4,604	0.014
Produção (ton)	230.0	$43,620.580	
VBP (milhares de MX$)	$6,670.0	$168,790.911	0.040
VBP (milhares de USD)	$342.67	$8,671.60	0.040
Rendimento (ton ha^{-1})	3.538	9.474	
Preço/tonelada (USD)	$1,489.9	$198.8	7.5
rendimento/ha (USD)	$5,271.8	$1,883.5	2.80
Custos fixos/ha (USD)	$355.4		
Custos variáveis/ha (USD)	$1,993.0		
Depreciação/ha (USD)	$64.2		
Custo total/ha (USD)	$2,412.6	$1,827.66	1.32
Lucro/ha (USD)	$2,859.24	$55.83	51.2
# de mão de obra diurna/ha	37.92	7.2	5.27
Folha de irrigação "LR", em metros.	2.4	0.55	4.36
Eficiência da condução hidráulica	0.70	0.900	
Volume líquido de água utilizado por ha	34,286m^3	6,111m^3	5.6
Volume de água utilizado em toda a área colhida (hm^3)	2.23	28.14	0.08
Número de salários diários gerados em toda a área colhida	2,464.8	33,148.8	0.07
Empregos equivalentes gerados em toda a área colhida	8.56	115.10	0.07
Investimento de capital em toda a área colhida (Milhões de USD)	$0.157	$8.415	0.02

Fonte: Elaboração própria, com base em valores de Vega (2014) para custos de produção a partir de 2018 (projectados por ela para 2019 no plano de negócios para San Jose Comondu, BCS) e para valores de área colhida, produção e valor da produção para ambas as culturas com base em valores do SIAP-SAGDER (2019) disponíveis em: https://nube.siap.gob.mx/cierreagricola/, para a folha de irrigação de grãos de milho do INIFAP-SAGARPA, 2017. "Agenda Tecnica Agricola Baja California Sur" e para datas a folha de irrigação de 2,4 m de Cisneros, Arias Rodrigo, 1983. (p. 20).

Em termos de custos de produção por hectare, os custos de produção por hectare para as tâmaras ascenderam a USD 2.412,6 ha, 32% mais elevados do que o custo de USD 1.827,66 ha do milho em grão, o que significa que as tâmaras tiveram um lucro em massa por hectare de USD 2.859,24, 51,2 vezes o montante do lucro do milho em grão com USD 55,83 ha (ver quadro 11).

[-1-1-1]A Tabela 11 mostra que as tâmaras geram uma grande quantidade de trabalho em relação ao milho em grão, uma vez que as primeiras requerem um investimento de 37,92 dias ha (equivalente a 303,36 horas ha , equivalente por sua vez a 0,135428571 empregos ha , uma vez que foi estabelecido em Materiais e métodos que 288 dias por ano equivalem a um emprego equivalente), enquanto o milho em grão requer apenas um investimento de 7.[-1-1-1]2 salários-dia ha (equivalente a 57,6 horas ha , equivalente a 0,025 empregos ha), o que significa que as áreas colhidas de tâmaras e de milho-grão geraram emprego para 8,56 empregos (equivalente a 2.464,8 salários-dia) e 115,10 empregos (equivalente a 33.148,8 salários-dia), respetivamente.

Em relação às necessidades de água por hectare, com um nível de irrigação elevado, 2.[7333-1]4 m e uma baixa eficiência (70%) de condução de água na rede hidráulica de canais quando regada por água gravítica, a necessidade de água por hectare foi de 34,286 m ha-1 na tâmara, contra 6,111 m ha no milho em grão, que, por ser irrigado com água subterrânea por bombeamento e ter uma maior eficiência de condução hidráulica (90%) trouxe um preço sombra favorável no seu consumo de água, implicando por sua vez

---

[73]O índice de eficiência da condução hidráulica (IECH) na rede de condução da água de rega é superior a zero e inferior à unidade, na rega não tecnificada o IECH é muito pequeno e tende para zero, uma vez que é menos tecnificada e existe uma grande distância entre a fonte de abastecimento de água para rega e a parcela, Por exemplo, na DR017 de La Comarca Lagunera, o IECH das parcelas irrigadas com água da Barragem Lazaro Cardenas, a quase 220 km de San Pedro De Las Colonias, tem um IECH de 0.44, ou seja, apenas 44% da água libertada 220 km a montante chega às parcelas, enquanto em San Pedro de Las Colonias, um pomar que é abastecido por um poço profundo a 100 m da parcela terá um IECH próximo de 90% (=0,9) e se essa água do poço profundo for utilizada sob a forma de irrigação pressurizada por microcompuertas, o IECH será de cerca de 93-95% (0,93-0,95).

que a tâmara consumiu 5.[3]A demanda hídrica por hectare, quando multiplicada pela área total colhida de cada cultura, foi de 2,23 e 28,14 hm , ou seja, embora a demanda hídrica unitária por hectare tenha sido bem menor no milho grão, por ter uma notória extensão de área colhida, implicou em um maior consumo de água (tabela 11).

Finalmente, o quadro 11 mostra que o investimento de capital foi de apenas 0,157 milhões de dólares na cultura da tâmara, equivalente a apenas 2% do investimento de capital em toda a área colhida de milho em grão, com 8,415 milhões de dólares.

A Tabela 12 mostra os diferentes indicadores da produtividade da água, assim como os indicadores da produtividade do capital investido. [74] [75]Em relação à rentabilidade da cultura, mostrada na parte inferior da tabela, pode-se observar que a cultura da tamareira teve uma Relação Benefício/Custo (RCC) de 2,19, o que sugere que por cada USD 1 investido na produção deste fruto, foi recuperado e obteve-se um excedente adicional, sob a forma de lucro antes de impostos, de USD 1,19, o que em relação à taxa média de mercado, dada pela taxa CETES, igual a 7.43 unidades percentuais, tipifica a produção de datetil como um investimento altamente rentável, especialmente em relação à cultura de referência, o milho em grão, em que o RB/C é igual a 1.03, o que indica que, embora a gramínea tenha sido rentável, na medida em que permitiu recuperar cada dólar investido, houve um lucro de

---

[74]A taxa CETES (Certificados de la Tesoreria de la Federacion) é a taxa líder do mercado, que sugere a percentagem média de lucro no México, o que neste caso significa que por cada MX$1 investido, recebe-o de volta, bem como um excedente adicional, sob a forma de lucro, de 7,43 cêntimos. A partir de 22 de outubro, a taxa CETES a 182 dias é de 7,43%, disponível em:
https://www.banxico.org.mx/tipcamb/llenarTasasInteresAction.do?idioma=sp
[75]MUSD, iniciais de milhões de dólares americanos

apenas 3 cêntimos por cada dólar investido. Além disso, em relação à taxa Kder do mercado, sugere que teria sido preferível que os produtores de milho em grão investissem o seu dinheiro no banco e, sem qualquer risco, teriam obtido um lucro não de 3, mas de 8%.

Os outros dois indicadores do capital investido não são de natureza financeira como o RB/C, são de natureza social, pois avaliam, por um lado, o índice de produtividade social do capital (PSC), a quantidade de emprego gerado por cada MUSD75 ; assim, a tabela 12 mostra que nas culturas do datetil e do milho grão tiveram indicadores de 54.$^{-1}$6 e 13,7 empregos por MUSD , o que indicaria que o mesmo montante de investimento, um MUSD, foi capaz de produzir quatro vezes (o índice é de 3,99) mais empregos na cultura do datetil do que na cultura do milho em grão. Há duas razões para este facto: a primeira é que, no caso do datetil, cada hectare requer 37,92 trabalhadores diários, enquanto no caso do milho em grão são apenas 7,2 trabalhadores diários por hectare, um pouco mais de 2 trabalhadores diários por hectare.$^{-1}$A segunda causa é o diferente montante de capital investido por hectare em cada cultura, sendo de recordar que, no caso do datetil, o custo por hectare (2.412,6 USD ha) foi 32% superior ao custo por hectare do milho em grão (1.827,66 USD ha-1).

Tabela 12: Produtividade e eficiência física, económica e social da água utilizada na produção da cultura de Datil *(Phoenix dactylifera)* tradicionalmente irrigada por gravidade vs. milho em grão em Comondij, Baja California Sur, México.

Variável	Unidades	Diz o seguinte:	(a) Data	(b) Milho em grão	c=a/b
Eficiência (E) y produtividade física (P) (F) da água (A) utilizada na produção					
AAE	^{3}m kg^{-1}	*eficiência física* da água utilizada na produção	9.69	0.65	15.02
PFA	kg nr^3	*produtividade física* da água utilizada na produção	0.103	1.550	0.07
Eficiência (E) y produtividade (P) económica (F) da água (A) utilizada na produção					
Eficiência hídrica (E) y produtividade económica da água (P) (E) (A)					
EEE	^{3}m de água utilizada por ganho de USD	*eficiência económica* da água utilizada na produção	11.991	109.452	0.11
PAA	^{3}Lucro em USD por m de água utilizados na produção	*produtividade económica* da água utilizada na produção	$ 0.083	$ 0.009	9.13
Eficiência (E) y produtividade (S) social (P) da água (A) utilizada na produção					
AEE	^{3}m de água utilizada por posto de trabalho gerado	*eficiência social* da água utilizada na produção	260,398	244,444	1.07
PSA	Empregos gerados pela hm^3	*produtividade social* da água utilizada na produção	3.84	4.09	0.94
Preço de . lor> , ^{3} USD nr **água**		^{3}*preço por m* de água utilizada na produção	$ 0.008	$ 0.079	0.10
Eficiência (E) y produtividade social (P) (S) do capital (C) utilizado na produção					
CES	USD investidos por posto de trabalho criado	*eficiência social* do capital investido na produção	$18,323.54	$73,106.33	0.25
CPS	Empregos criados por milhão de dólares investidos	*produtividade social* do capital investido na produção	54.6	13.7	3.99
RB/C	Sem dimensão		2.19	1.03	2.12

Origem: Elaboração própria, com de tabela 1.

números

[-1]O número do rácio de eficiência do capital social (ESC) igual a USD 18.323,54 do emprego da tabela 12, sugere que a criação de um emprego exigiu um investimento de capital de USD 18.323,54, ou visto de outra forma, esse foi o custo de gerar um novo emprego na cultura de tâmaras, equivalente a 25% do que custou criar um emprego na cultura de milho em grão: USD 73.106,33.

[-1-1]Isto sugere, então, que qualquer quantidade de capital investido no cultivo da tâmara gerará quatro vezes mais emprego (o número índice na Tabela 12 foi de 3,99), do que no cultivo do milho em grão, uma vez que quando o investimento de capital é visto como um índice de produtividade social, ele produziu o valor de 54,6 empregos MUSD , enquanto no cultivo do milho em grão o indicador foi igual a 13,7 empregos MUSD .[76]Se isto posiciona a tâmara como uma cultura altamente geradora de emprego, pelo menos em relação ao milho em grão, o que é um *benefício* social inquestionável, também pressupõe que esta cultura, ao exigir uma grande quantidade de mão de obra, está atrasada em termos de mecanização, pelo que tem uma taxa de trabalho por kg de produto relativamente elevada: 0,0857 horas por kg , o que de certa forma não a favorece, pois qualquer outra tâmara produzida no país ou no mundo não é um bom exemplo.

Outra parte do mundo, que requer menos mão de obra por kg, teria mais hipóteses de penetrar no mercado e, assim, posicionar e deslocar a data Comondu, seguindo o mesmo procedimento, obtém-se que, no caso do milho em grão, é necessário um total de 0,0060 h kg^{-1}.

---

[76] Derivado da divisão de 303,36 horas de trabalho por ha (igual ao produto de 37,92 horas de trabalho por ha por 8 horas) pelos 3.538,46 kg de tâmara por hectare de rendimento físico.

O RB/C das tâmaras, 2,19, sugere uma taxa de lucro de 119%, bem acima da taxa CETES, igual a 7,43%, o que a coloca como uma cultura altamente rentável, mas não o milho em grão, onde o RB/C, igual a 1,03, a coloca como uma cultura pouco atractiva, uma vez que, depois de enfrentar os problemas de produção, clima e mercado, só obtém um lucro de 3%, bem abaixo da taxa CETES.

[-3]A produtividade física da água (PFA) na cultura do datetil foi de 0,103 kg m , 7% da água utilizada no grão de milho para produzir o mesmo kg de biomassa, já que na grama o indicador foi igual a 1.[-333-13-1]550 kg m ; que, visto como seu inverso, dá o indicador de eficiência física da água (EFA), que indica o volume necessário de água, em m , utilizado na produção para produzir um quilograma de produto, que no caso da tâmara foi de 9,69 m kg , 15,02 vezes o volume de água utilizado pela gramínea para produzir um kg de milho: 0,65 m kg (tabela 12).

[-3-3]O quadro 12 mostra que a produtividade económica da água (PAE) produziu um número de dados igual a USD 0,083 m na tamareira e USD 0,009 m na gramínea, ou seja, a cultura da tamareira foi 8,13 (= 9.[3]13 -1) vezes mais produtiva em termos económicos quando se utiliza a água na produção, por outras palavras, o mesmo volume de água, um m , produziu um lucro antes de impostos igual a 8,3 cêntimos de dólar americano na produção da árvore de frutos do deserto, enquanto que o mesmo volume de água apenas produziu um lucro de 0,9 cêntimos de dólar americano.

[3-1]Como medida da eficiência económica da água (AEA) com que a água foi utilizada na produção, o Quadro 12 mostra que a AEA no datil foi de 11,991 m USD , enquanto a gramínea registou uma taxa de 109.[3-13]452 m USD , ou

seja, produzindo uma massa de lucro de um dólar americano, implicou o investimento de água no datil de apenas 11% da água investida no milho grão com quase 110 m , sugerindo que o datil foi economicamente mais eficiente no uso da água na produção.

[-33-3]A produtividade social da água (SWP) do datetil foi de 3,84 postos de trabalho hm , enquanto que numa das principais culturas da RDD Comondu, o grão ma^z, o mesmo volume de água, um milhão de m , produziu 4,09 postos de trabalho, o que sugere que, embora a cultura do datetil tenha sido mais produtiva no uso da água em termos económicos (USD 0,083 m versus USD 0.[-3] [-3-3-3]009 m respetivamente datetil e grão ma^z), não foi mais produtiva em termos físicos (0,103 kg m versus 1,550 kg m respetivamente datetil e grão ma^z) nem em termos sociais (3,84 versus 4,09 empregos hm respetivamente datetil e grão ma^z), uma vez que o datetil produziu apenas 94% (o índice no Quadro 12 foi 0,94) do nível de emprego produzido pelo mesmo volume de água usado no grão ma^z.

[33]O inverso do PES é o índice SWE (eficiência social da água), que mostra na tabela 12 que no milho foi necessário investir um volume de água igual a 260,398 m para produzir um emprego, enquanto que na grama o volume de água foi de 244,444 m , o que mostra que o milho necessitou de um volume de água 7% maior (o índice foi de 1,07 na tabela 12) do que o milho em grão.

[77]O quadro 12 apresenta o preço da água que, embora

---

[77] O preço da água indicado no quadro 12 resulta, como indicado na parte metodológica, da divisão do montante da rubrica de custos de irrigação (no âmbito dos custos por hectare) pelo volume de água utilizado por hectare.

[78]Seckler, D., Upali, M; Molden, D.; De Silva, R.; Barker, R. 1998. World water demand and supply, 1990 to 2025: Scenarios and Issues. Relatório de investigação 19. Instituto Internacional de Gestão: Colombo, Sri Lanka. 40p. Disponível em:

pareça ser um indicador de natureza mais económica do que social, na medida em que indica quanto custa a água ao produtor agrícola, é, de facto, um indicador de natureza eminentemente social, uma vez que a água é um recurso extremamente limitado e, de acordo com a Constituição dos Estados Unidos Mexicanos, pertence a toda a sociedade, sendo, portanto, um recurso social, mas que é utilizado de forma privada e com base no qual existe uma apropriação de facto, De acordo com a Constituição dos Estados Unidos Mexicanos, a água pertence a toda a sociedade, é, portanto, um recurso social, mas é utilizada *de forma* privada e, com base nisso, há uma apropriação privada de facto dos lucros que foram gerados com um recurso que não pertence ao produtor, mas que pertence *de jure* a toda a sociedade. Assim, o indicador do preço da água mostra (no caso do produtor de tâmaras com um índice de preço igual a USD 0,008 $m3$) que o produtor de tâmaras investiu 0.^{33}8 cêntimos por cada m de água utilizada na produção, que foi pago à SAGARPA (atualmente SAGDER) sob a forma de uma taxa paga à Secretaria da Agricultura por lhe permitir utilizar águas superficiais irrigadas por gravidade, enquanto que o produtor de milho em grão, que utilizou águas subterrâneas e irrigou a sua parcela por gravidade, lhe custou 7,9 cêntimos por cada m de água utilizada na produção.

Na parte da discussão, este preço da água suportado pelos produtores de tâmaras Comondu será comparado com os preços da água para outras culturas noutras partes do país e noutras partes do mundo.

---

http://protosh2o.act.be/VIRTUALE-BIB/Water_in_de_Wereld/ALG-Algemeen/W_ALG_E22_World_Water.PDF/ (último acesso em 18 de setembro de 2019)

V.2. Discussão: contrastar com a eficiência e a produtividade
da água utilizada na produção de outras culturas.

A produtividade da água utilizada na produção de tâmaras em Comondu deve agora ser relativizada face à produtividade da água de outras culturas na mesma região de Comondu, para além do milho em grão, bem como face à PFA, PEA e PAM de outras culturas e mesmo de outros produtos como o leite. Isto deve-se ao facto de não estarmos a estudar a cultura da tâmara, o que estamos a estudar é a PFA, a PEA e a PSA, pois segundo Flores (1978) é a Economia que fornece toda a teoria, os instrumentos e a metodologia, a agricultura é apenas a matéria-prima sobre a qual assenta a bagagem fornecida pela Economia Agrícola.

Para facilitar a parte da discussão, na qual os resultados do PAE e do PSA determinados para a cultura datetil no Comondu, BCS RLD são contrastados, e como os valores monetários do PAE foram avaliados em valores monetários de diferentes anos e em diferentes países (na tabela 12), eles foram primeiro deflacionados para USD constantes de 2018, para tornar o contraste válido contra os valores do PAE datetil, então esquematizados na tabela 13. Para facilitar esta parte da discussão, apenas será mencionada a cultura contra a qual a data Comondu está a ser contrastada, que aparece na extrema esquerda do quadro 13, e o autor que determinou os dados, que aparece na extrema direita do quadro 13, não será mencionado.

Em relação à produtividade económica da água (PAE), segundo Seckler (1998)[78] , esta não é mais do que o valor total ou o valor líquido dividido pela quantidade de água aplicada ou alocada à produção, e a sua importância reside no facto de, conhecendo a PAE, se poder estabelecer o custo de oportunidade das diferentes utilizações alternativas da água, ou seja, se a água for utilizada na atividade "A" não pode ser utilizada na atividade "B", pelo que a diferença entre o valor gerado entre as duas actividades funcionará como um custo de oportunidade, se a água for utilizada na atividade "A" não pode ser utilizada na atividade "B", pelo que a diferença entre o valor gerado entre as duas actividades funcionará como um custo de oportunidade, uma vez que, por exemplo, se a PEA "A" menos a PEA "B" for positiva, isso significa que afetar água à produção de "B" implicará não obter um rendimento igual à diferença entre a PEA "A" e a PEA "B".

A partir do quadro 13, verifica-se que o datil Comondu DDR, com um índice de ADP de 83,395 USD hm-3 , foi menos produtivo economicamente em termos de utilização de água na produção do que as culturas de laranja aí produzidas em Comondu, a cultura da maçã produzida em condições de baixa, média e alta tecnologia, as culturas da uva produzidas em Caborca, Sonora e Coahuila, a cultura do pêssego produzida em Fresnillo, Zacatecas, bem como todos os produtos agrícolas enumerados no quadro relativo a Espanha: algodão, arroz, morango, girassol, milho em grão e azeitona. [3]Note-se que o EAP médio encontrado foi de 1.435, 930 hm, 17,22 vezes o nível do EAP da data.

[3]A Tabela 13 mostra que o maior EAP no México foi registado para a cultura da uva produzida em Caborca, Sonora (com 1.012.511 USD de lucro por hm), 12.[-3-3-3]14 vezes o valor do índice de USD 83.395 hm de datetil, e no estrangeiro, em Espanha, a cultura do morango, com USD 25.987.394 hm , teve um EAP 311,62 vezes o valor do índice do EAP de datetil (USD 83.395 hm).

Produtividade económica relativa (PEA) e produtividade social (PES) da água utilizada na produção de vários produtos agrícolas e pecuários perenes e anuais. Data de Comondd =1.

Produto	Local	PEA normalizada a preços constantes de 2018 USD por hm^3	PAA Datil= 1	PSA	Unidades	PSA Datil= 1	Autor
Datil	Comondu, BCS	$ 83,395	1.00	3.84	Empregos hm^3	1.00	Este trabalho
Milho em grão	Comondu, BCS	$9,136	0.11	4.09	Empregos hm^3	1.07	Este trabalho
Laranja	Comondu, BCS	$90,916	1.09	3.60	Empregos hm^3	0.94	Cifuentes, 2013.
macieira BT	Cuauhtemoc, Chihuahua	$ 90,348	1.08	28.10	Empregos hm^3	7.32	Rios et al (2017)
Apple AT	Cuauhtemoc, Chihuahua	$657,994	7.89	22.70	Empregos hm^3	5.91	Rios et al (2017)
Apple MT	Cuauhtemoc, Chihuahua	$305,006	3.66	19.60	Empregos hm^3	5.10	Azpilcueta et al (2017)
Café temporário	Villaflores, Chiapas	$ 24,630	0.30	26.30	Empregos hm^3	6.85	Azpilcueta et al (2017)
Café temporário	Chiapas	-$21,740	-0.26	16.30	Empregos hm^3	4.24	Azpilcueta et al (2017)
Videira	Caborca, Sonora	$1,012,511	12.14	10.70	Empregos hm^3	2.79	Rios et al (2018)
Videira	Coahuila	$239,922	2.88	53.32	Empregos hm^3	13.88	Carrillo, 2019
Abacate	Patzcuaro, Michoacan	$117,835	1.41	31.90	Empregos hm^3	8.31	Rios, Torres y

							Azpilcue ta (2019)
Nozes 59,543	Delicias,	$	0.71 [3]		3,90 Empregos hm 1,02		Rios, Torres y Torres (2016)
Nogueira 34,179	de Sudoeste	$	0.41	17.1 0	Empregos hm^3	4.45	Rios e Navarrete (2017)
Pêssego $113,675	Fresnillo,		1.36	2.00	Empregos hm^3	0.52	Rios et al (2015)
Leite bovino	Delícias, Chihuah ua	$ 4,821	0.06		Rios, rios e rios (2019)		
Algodão	Espanha	$279,304	3.35		Montesinos et al (2011)		
Arroz	Espanha	$510,033	6.12	sd	Sd Montesinos et al (2011)		
Morango	Espanha	$25,987,3 94	311.6 2	sd	Sd Montesinos et al (2011)		
Girassol	Espanha	$303,591	3.64	sd	Sd Montesinos et al (2011)		
Milho em grão	Espanha	$510,033	6.12	sd	Sd Montesinos et al (2011)		
Oliveira	Espanha	$1,177,93 3	14.12	sd	Sd Montesinos et al (2011)		
MÉDIA		$1,435,93 0	17.22	17.3 9	Sd		

Fonte: Elaboração própria, com base nos quadros 1 e 3.

O quadro 13 mostra que a cultura de tâmaras no DDR de Comondu teve uma PAE mais elevada do que apenas as culturas de milho em grão no mesmo DDR de Comondu, o café produzido em condições de sequeiro em Villaflores, Chiapas, bem como a média do café produzido em todo o Estado de Chiapas, [-3]a nogueira pecan, tanto em Chihuahua como no sudoeste de Coahuila, bem como a PAA do leite bovino especializado produzido em Delicias,

Chihuahua, que, de facto, apresentou a PAA mais baixa, com um índice de 4,821 USD hm , equivalente a apenas 6% (o índice foi de 0.[3]06) da quantidade de lucro gerada por um hm de água utilizada na produção de datetil em Comondu, BCS.

[3]Em relação ao PES, a Tabela 13 mostra que a tâmara Comondu, com 3,84 empregos hm , foi menos produtiva socialmente no uso da água na produção do que as culturas de milho em grão do mesmo DDR Comondu (com PES 7% maior), as maçãs BT, MT e AT produzidas em Cuauhtemoc, Chihuahua (cujos índices PES foram 7,32, 5,91 e 5,10 vezes o PES da tâmara, o café produzido com água da chuva no DDR Villaflores, Chiapas (com índices PES de 7,32, 5,91 e 5.10 vezes o PES da data), café produzido com água da chuva na DDR Villaflores, Chiapas, bem como a nível estadual de Chiapas (com índices PES de 6,85 e 4,24 vezes o tamanho do índice PES da data), videira produzida tanto na DR037 Caborca, Sonora (com PES 179% superior à data) e videira a nível estadual de Coahuila (cujo PES foi quase 14 73% superior ao da data), e café produzido com água da chuva na DDR Villaflores, Chiapas (com PES de 6,85 e 4,24 vezes o tamanho do índice PES da data).

vezes superior ao da tâmara), a noz produzida em Chihuahua (com um PSA 2% superior ao da tâmara) e no sudoeste de Coahuila (com um PSA 345% superior ao da tâmara) e, por último, o abacate produzido em Patzcuaro, Michoacan, com um PSA 731% superior ao da tâmara.

[3]O PES da tâmara, com 3,49 empregos hm , foi superior apenas ao PES do pêssego produzido em Fresnillo, Zacatecas (com PES 48% inferior ao da tâmara), e da laranja produzida na mesma RDD Comondu, BCS, cujo

PES foi 6% inferior ao da tâmara.

[33]O preço por m de água utilizada na produção está indicado na Tabela 14, e dessa fonte podemos observar que para nove culturas/localização, o preço médio por m (já deflacionado e valorizado em USD constante de 2018) de água foi de USD 0.[-3]043, observando ainda que o preço da água superficial utilizada na produção de tâmara, foi o mais barato, com USD 0,008 m , uma vez que as restantes culturas, todas, sem exceção, tiveram um preço de água mais elevado, sendo que a cultura com o preço de água mais baixo foi outra cultura frutícola como a tâmara: o pêssego produzido em fresnillo, com USD 0.[-3]010 m , água apenas 27% mais cara do que a da tâmara de Comondu, enquanto a cultura com o preço mais elevado da água utilizada na produção foi a vinha irrigada por bombagem com água subterrânea, uma vez que o preço da água utilizada foi 9.93 vezes o que o agricultor de Comondu pagou pela água utilizada para regar a sua tamareira, o mesmo grão de milho de Comondu regado com água subterrânea teve um preço na água utilizada equivalente a 9,73 vezes o preço da água utilizada na tamareira, finalmente, o custo da água subterrânea utilizada para regar o abacate produzido em Patzcuaro, Michoacan, custou 60% mais do que a água utilizada na tamareira de Comondu (ver quadro 14).

[79] [80]Nunez *et al* (2000) e Takele e Kallenbach (2001)[80], ambos em relação aos preços da água na cultura da

[79] **Nunez, H. G., Chew, Y. I., Reyes, J. I. 2000**. Produção e utilização de alfafa no norte do México. GHJ. Editores. Livro técnico. No. 2 SAGARPA-INIFAP.CIRNOC.CELALA. Matamoros, Coahuila, México. 171 p.

[80] **Takele, E. & Kallenbach, R. 2001.** Analysis of the Impact of Alfalfa Forage Production under Summer Water-Limiting Circumstances on Productivity, Agricultural and Growers Returns and Plant Stand. Journal of Agronomy and Crop Science. 187(1): 41-46.

luzerna, salientam que os preços da água são importantes na medida em que servem para melhorar a procura, bem como para influenciar a conservação dos recursos hídricos, no entanto, o preço por metro cúbico de água não é, por si só, um indicador do valor real da água, por exemplo, alguns agricultores nos EUA pagam entre 0,01 e 0,05 dólares por metro cúbico de água utilizada na produção, na irrigação para ser exato, mas o preço da água pago para consumo doméstico não é, por si só, um indicador do valor real da água.[3-3]Os E.U.A. pagam entre 0,01 e 0,05 dólares por cada m de água utilizada na produção, mais precisamente na irrigação, mas o preço da água paga para consumo doméstico, segundo Gleick, P. H. 2004 (*Op. Cit*), o consumidor paga entre 0,30 e 0,80 dólares por m de água tratada para uso doméstico, no mesmo sentido, o agricultor israelita que produz tomate (*Solanum lycopersicum*) paga 0,57 USD m-3.

Tabela 14. Preço da água utilizada na produção da cultura da tâmara produzida sob irrigação por gravidade na RDD ComondiJ, BCS, em comparação com outras culturas.

Cultura/Localização	Relatado pelo autor		[3] Preço por m (normalizado para USD constantes de 2018)	Autor	Datil=1
	[3] Preço por m (MX$ o USD nominal)	Unidades			
Datil, DDR Comondu	$ 0.008	Constante 2018 USD por m^3	$ 0.008	Este trabalho	1.00
Milho em grão, DDR Comondu	$ 0.079	Constante 2018 USD por m^3	$ 0.079	Este trabalho	9.73
DDR laranja Comondu, BCS	$ 1.110	MN$/m3	$ 0.074	Cifuentes, 2013.	9.21
Videira, caborca, Sonora	$ 0.070	USD/m3	$ 0.004	Rios *et al* (2018)	0.54
Vid, Coahuila	$ 0.075	USD/m3	$ 0.005	Carrillo, 2019	0.58
Abacate, Patzcuaro, Michoacan	$0.012	USD/m3	$ 0.001	Rios, Torres y Azpilcueta (2019)	0.09
Nogal, Delicias, Chihuahua	$ 0.550	MX$/m3	$ 0.037	Rios, Torres y Torres (2016)	4.56
Nogal, Sudoeste de Coahuila	$0.016	USD/m3	$ 0.001	Rios y Navarrete (2017)	0.13
Durazno, Fresnillo,	$0.162	MX$ por	$0.011	Rios et al	1.38

Zacatecas	m3	(2015)	
MÉDIA		$ 0.024	3.02
Fonte:	Elaboração		próprio

.

VI. CONCLUSÕES E RECOMENDAÇÕES
6.1. Conclusões

Foram cumpridos os objectivos particulares de determinar a rentabilidade, através da RB/C, bem como o objetivo de determinar indicadores numéricos sobre a eficiência e a produtividade da água em termos físicos, económicos e sociais da água utilizada na produção da cultura do datil (*Phoenix dactylifera*) na DDR Comondu, Baja California Sur, e compará-los com os indicadores correspondentes da cultura do milho em grão na mesma DDR.

Com base na metodologia e nos modelos matemáticos utilizados, e nos resultados obtidos por esses modelos, a primeira hipótese é aceite, uma vez que a hipótese foi cumprida: que a cultura do datil (*Phoenix dactylifera*) teve uma maior rentabilidade, uma vez que a sua RB/C foi de 2,19, o que em relação ao milho em grão, com uma RB/C de 1,03, foi 2,12 vezes superior.

[-33]Com base na metodologia e nos modelos matemáticos utilizados e nos resultados desses modelos, a segunda hipótese é rejeitada, uma vez que a taxa de AFP do datil (0,103 kg m) foi apenas 7% da AFP do milho-grão (*Zea mays*) que produziu 1,55 kg de biomassa por cada m de água utilizada na produção. [3] Com base na metodologia e nos modelos matemáticos utilizados e nos resultados desses modelos, a terceira hipótese é aceite, uma vez que a ADP da cultura do datil (*Phoenix dactylifera*) com um lucro de 0,083 USD por m de água utilizada na produção foi 9,13 vezes superior à ADP da cultura do milho-grão (*Zea mays)* na DDR Comondu, BCS.

Com base na metodologia e nos modelos matemáticos utilizados, e nos resultados destes modelos, rejeita-se a quarta hipótese, uma vez que, ao contrário do que se supunha, a cultura da tâmara (*Phoenix dactylifera*) apresentava uma taxa de PES inferior à do milho em grão (*Zea mays*), o que, em termos práticos, é indicado nesta taxa de PES, que a água utilizada na produção de tâmara (*Phoenix dactylifera*), com 3.$^{-3}$84 empregos hm , produz menos 6% de empregos do que o mesmo volume de água utilizado no cultivo da grama.

6.2 Recomendações

Sendo a água um recurso extremamente escasso e de múltiplos usos, a Economia Agrícola-Ambiental deve atribuir essa água escassa à alternativa que maximize os benefícios económicos, como o lucro, ou sociais, como o emprego, minimizando a quantidade de água a utilizar para atingir esse objetivo, uma vez que o maior benefício não é a produção de lucro ou de emprego, mas sim o facto de a água poder ser utilizada agora, Para que a economia agrícola ambiental possa atingir este objetivo, deve basear-se na utilização de índices de produtividade física, económica e social da água, que são sugeridos para serem utilizados pelas instituições responsáveis pela atribuição dos recursos hídricos a nível federal, estadual ou municipal entre as diferentes alternativas de utilização a que a água está sujeita.

LITERATURA CITADA

Abdelouahhab, Zaid, 2002. Cultivo da tamareira. FAO OLANT PRODUCTION AND PROTECTION PAPER. 156 REV.1 ISSN 0259-2517 ISBN 92-5-104863-0. Roma, Itália. Disponível em: http://www.fao.org/3/y4360e/y4360e00.htm

Azpilcueta, Ruiz-Esparza, M de Jesus; Rios-Flores, J. Luis; Ruiz-Torres, Jose. 2017. Produtividade da água em culturas de café de sequeiro em Villaflores, Chiapas, México. Revista Asuntos Economicos y Administrativos No. 32, Primer semestre 2017. ISSN 0124-1133. Universidade de Manizales, Colômbia. pp. 183-192.

Agua.org.mx Fondo para la Comunicacion y la Educacion Ambiental A.C. Overview of water in Mexico, 2019 Disponível em: https://agua.org.mx/cuanta-agua-tiene-mexico/. Último acesso em: 10 de setembro de 2019.

BANAMEX, 2018. Acedido em 24 de setembro de 2019. Taxa de câmbio peso-dólar mexicano. Disponível em: https://www.banamex.com/economia_finanzas/es/divisas_ m etales/divisas_divisas_mundiales.htm

Carrillo, C., J. 2019. Produtividade econômico-social da água na videira irrigada por gotejamento (*Vitis* vinifera) em Coahuila,
México. Tese profissional. Universidade Autónoma
Chapingo, Bermejillo, Durango, México.

Chevalier, A. 1952. Recherche sur les *Phoenix* africains; RBA, maio-junho, 1952. Citado por Abdelouahhab (2002 *Op. Cit.*).

Cifuentes, G. O. 2013. Eficiência física, económica e social da água de irrigação na cultura da laranja (*Citrus sinensis*) na Baja California Sur. Tese profissional. Universidad Autonoma Agraria Antonio Narro-Unidad Laguna, Torreon, Coahuila.

Cisneros, Arias Rodrigo, 1983. Observações sobre o cultivo de tâmaras na região de San Ignacio, La Purisima e Comondu, Baja California Sur. Tese profissional. Escola Superior de Agricultura, Universidade de Guadalajara, México.

DRANSFIELD, J. e NW UHL. (1986): Resumo de uma classificação das palmeiras. Princípios 30 (1): 3-11. Citado por **Abdelouahhab, Zaid, 2002**.

INIFAP-CENID-RASPA. (2006). *Programa Riego.* [Acedido em: 01 de maio de 2017]. Disponível em: https://cenidraspa.org/serg/serg_v1.php

Cosmo News, 2012. Quanta água existe na Terra? Disponível em: https://www.cosmonoticias.org/cuanta-agua-hay-en-la-terra/, Acedido em 10 setembro, 2019.

Nacional del Agua, (2015): *Atlas del Agua en México.* Conagua. Documento disponível
em:
http://www.conagua.gob.mx/CONAGUA07/Publicacione s/Publications/ATLAS2.

El Heraldo, secção de Economia. 22 de março de 2015. Costa Rica. Disponível em:
https://www.elheraldo.co/economia/la-agricultura-consume-el-70-of-the-water-in-the-world-188535#

Evolução da população mundial. A economia de mercado: virtudes e inovações. Demografia, 2019. Disponível em:
http://www.juntadeandalucia.es/averroes/centros-tic/14002996/helvia/aula/archivos/repositorio/250/271/html/e conomia/2/evolucion.htm. Acedido em 10 de setembro de 2019.

FAO, 2002. FAO, sem data. Disponível em:
http://www.fao.org/3/y3918s/y3918s03.htm *Água e culturas.*

Achieving optimal water use in agriculture. Organização das Nações Unidas para a Alimentação e a Agricultura: Roma, Itália.

FIRA, 2019. [Em linha]. *AGROCOSTOS* [Acedido em 20 de setembro de 2019]. Disponível em: https://www.fira.gob.mx/InfEspDtoXML/TemasUsuario.jsp

Frutas e legumes. Disponível em: https://www.frutas-hortalizas.com/Frutas/Origen-produccion-Datil.html

Fundação Aquae, 2019. Quantidade de água potável, fonte de vida. Disponível em: https://www.fundacionaquae.org/wiki- aquae/datos-datos-del-agua/cantidad-de-agua-potable-source-of-life/ data de acesso: 10 de setembro de 2019.

Gleick, P. H. 2004. Global freshwater resources: Soft-path solutions for the 21st century. Science. 302: 1524-1528.

Hoekstra, A.Y. 2003. Virtual Water Trade: Proceedings of the International Expert Meeting on Virtual Water Trade. Delft. Países Baixos. 12 e 13 de dezembro de 2002. Value of Water Research Report Series No. 12. UNESCO-IHE. Delft. Países Baixos. www.waterfootprint.org/Reports/Report12.pdf

Hoekstra A.Y., e Chapagain A.K. 2004. Water Footprints of Nations (Pegadas Hídricas das Nações). UNESCO-IHE. Instituto para a Educação sobre a Água. Value of Water (Valor da Água). Série de Relatórios de Investigação. Série 16. Volume 1. Países Baixos.

Infoagro. Cultivo de tâmaras (parte 1): https://www.infoagro.com/frutas/frutas_tropicales/datil.htm

INIFAP-CENID-RASPA. (2006). *Programa de Irrigação.* [Acedido em: 1 de setembro de 2019]. Disponível em: https://cenidraspa.org/serg/serg_v1.php

Kijne, J.W., R. Barker e D. Molden, 2003. Water

Productivity in Agriculture: Limits and Opportunity for Improvement (Produtividade da Água na Agricultura: Limites e Oportunidades de Melhoria). CABI, Cambridge, Reino Unido, ISBN: 0 85199 669 8.

Liebemberg, P. J., Abdelouahhab, Zaid. 2002. Data de irrigação da palmeira. Citado por Abdelaouahhab, Z. 2002.

Mekonnen, M.M. & Hoekstra, A. G. (2012). A global assesment of the water footprint of farm animal products. ECOSSISTEMA (2012). 15:401-415. DOI:10.1007-s10021-011-9517-8.

Molden, D; Murray-Rust, H.; Sakthivadiel, R; Makin, I.; 2003. Um quadro de produtividade da água para compreensão e ação, pp.1-18. In: Kijne, J. W.; Barker, R.; Molden, D. J. 2003. Water productivity in agriculture: limits and opportunities for improvement. Publicação CABI, Wallingford, Reino Unido. 332p.

Montesinos, P.; Camacho, E.; Campos, B.; Rodriguez-Diaz, J. 2011. Análise da água de rega virtual. Aplicação à gestão de recursos hídricos numa bacia hidrográfica mediterrânica. Gestão de Recursos Hídricos. 25 (6): 1635-1651. Citado por Rios *et al* 2018.

Nunez, H. G., Chew, Y. I., Reyes, J. I. 2000. Produção e utilização de alfafa no norte do México. GHJ. Editores. Livro técnico. No. 2 SAGARPA- INIFAP.CIRNOC.CELALA. Matamoros, Coahuila, México. 171 p.

Rios- Flores, J. Luis, Torres M., Miriam, Castro F., Rafael, Torres M., M.A. Ruiz T. Jose. 2015 a. Determinação da pegada métrica azul em culturas forrageiras de DR017 Comarca Lagunera, México. Rev. FCA UNCUYO, 2018. 47(1): 101-122, ISSN print 0370-4661. ISSN (online) 1853-8665, pp.93-107. Mendoza, Argentina.

Rios-Flores, Jose Luis, Torres M. M. e Torres M., M. A. (2016 a). Produtividade hídrica agrícola da noz-pecã no norte do México. Casos: Comarca Lagunera e Delicias, Chihuahua. ISBN978-3-639-80166-8. Editorial Academica Espanola. Saarbrucken, Alemanha.

Rios-Flores, J.Luis e Navarrete_Molina, C. (2017). A pegada monetária e a produtividade económica da água na nogueira pecã (Carya illinoensis) no sudoeste de Coahuila, México. Revista: Estudios de Economia Aplicada. Volume 35-3, setembro de 2017. ISSN 1133-3197. Associação Internacional de Economia Aplicada (ASEPELT), Espanha.

Rfos-Flores, Jose Luis, Rios Arredondo, Becky Elizabeth, CantO Brito, JesOs Enrique, Rios Arredodndo, Hebrian Efrain, Armendariz Erives, Sigifredo, Chavez Rivero, Jose Antonio, Navarrete Molina, Cayetano & Castro Franco, Rafael (2018). Analisis de la eficiencia fsica, economica y social del agua en esparrago (*Asparagus officinalis L.*) y uva (*Vitis* vimfera) mesa del DR-037 Altar- Pitiquito-Caborca, Sonora, Mexico 2018. *Revista de la Facultad de Ciencias Agrarias. Universidade Nacional de Cuyo*, 50(2). ISSN na versão impressa 0370-4661, ISSN (online) 1853-8665. Mendoza, Argentina.

Rios-Flores, J. L., Rios A., Becky E., Rios A., Hebrian E. 2019. Pegadas físicas e económicas do leite. O caso do leite bovino de Delicias, Chihuahua, México. Editorial Academica Espanola. ISBN 978-620-0-02518-0. Beau Bassin, República da Maurícia.

Rios-Flores, Jose Luis, Ruiz-Torres, J. Azpilcueta Ruiz-Espazra, M. 2019. Produtividade econômico-social da água no cultivo de abacate. O caso da produção em Michoacan, México. Editorial Academico Espanola. ISBN 978-3-639-

53183-1. Beau Bassin, Maurícia.

Salomon-Torres, R., Ortiz-Uribe, N., & Villa-Angulo, R. 2017. A produção de tamareira (*Phoenix dactylifera L.)* no México. Nueva epoca. Ano 16 No.91, janeiro-junho de 2017, Ciencias Sociales y Exactas. Universidade Autónoma de Baja California.

Seckler, D., Upali, M; Molden, D.; De Silva, R.; Barker, R. 1998. World water demand and supply, 1990 to 2025: Scenarios and Issues. Relatório de investigação 19. Instituto Internacional de Gestão: Colombo, Sri Lanka. 40p. Disponível em: http://protosh2o.act.be/VIRTUALE-BIB/Water_in_de_Wereld/ALG-Algemeen/W_ALG_E22_World_Water.PDF/ (último acesso em 18 de setembro de 2019).

SIAP-SAGARPA (2016). Citado por Salomon, Ortiz e Villa (2017, *Op. Cit.*).

SIAP-SAGDER (2018). Encerramento agrícola 2018. Disponível em: **http://infosiap.siap.gob.mx/aagricola_siap_gb/icultivo/**

Takele, E. & Kallenbach, R. 2001. Analysis of the Impact of Alfalfa Forage Production under Summer Water-Limiting Circumstances on Productivity, Agricultural and Growers Returns and Plant Stand. Journal of Agronomy and Crop Science. 187(1): 41-46.

Vega, C. Brenda B. 2014. Plano de negócios para a comercialização de tâmaras do oásis de San Miguel e San Jose de Comondu. Tese profissional. Universidade Autónoma de Baja California Sur. La Paz, Baja California Sur, México.

Viets, F.G. 1966. Increasing water use efficiency by soil management. In Plant environment and efficient water use. Guilford RD, Madison, EUA: Sociedade Americana de

Agronomia. Soil science Society of America. 295 p.

Zaid, A. 2002. Botanical description of the date palm, In: Cultivation of date palms. Documento da FAO sobre produção e proteção de plantas. ISSN 0259-2517 ISBN 92-5-104863-0. Roma, Itália.

I want morebooks!

Buy your books fast and straightforward online - at one of world's fastest growing online book stores! Environmentally sound due to Print-on-Demand technologies.

Buy your books online at
www.morebooks.shop

Compre os seus livros mais rápido e diretamente na internet, em uma das livrarias on-line com o maior crescimento no mundo! Produção que protege o meio ambiente através das tecnologias de impressão sob demanda.

Compre os seus livros on-line em
www.morebooks.shop

info@omniscriptum.com
www.omniscriptum.com

Printed by Books on Demand GmbH, Norderstedt / Germany